今度こそわかる

# くりこみ理論

園田英徳

RENORMALIZATION THEORY
HIDENORI SONODA

講談社

# まえがき

「くりこみ」や「くりこみ理論」は，物理を学ぶ人ならば誰でも聞いたことがあるだろう．「くりこむ」という言葉は，日常あまり使われることがないかもしれない．物理学では，何か都合の悪いものを目に見えない所に隠して，都合のいいものだけ表に出すという意味で使われだした専門用語である．英語ではrenormalization（規格化しなおす，再定義する）で，何かを隠すという含みのない言葉である．

くりこみの背後にある物理を解明するのに貢献した人は数多いが，この本で紹介する現代的な理解を得るのにもっとも貢献したのは，Kenneth G. Wilson（ケネス・G・ウィルソン，1936–2013）である．Wilsonには有名な講義ノートがあり，その内容をわかりやすく紹介するのがこの本の主な目的である．くりこみの計算方法を説明するのは，他の教科書に任せ，この本では，くりこみの作業の背後にどういう物理があるかを説明していきたい．

本書を読むに当たって，相対論的な量子場の理論は，必ずしも必要ではない．しかし学部レベルの量子力学と熱力学，（古典）統計物理学は必須である．

私自身，大学院生としてはじめてWilsonのくりこみ群を学んだとき，何か深遠なものがあると感じたが，よくわからなかった覚えがある．自分なりに納得したと感じられるまでにいったい何回Wilsonの講義録を読んだことだろう．自分の経験をもとに，読者があまり苦労せずにWilsonのくりこみ群を理解できるよう，解説を工夫したつもりである．成功したかどうかは読者の評を待つしかない．

講談社サイエンティフィク第2出版部の慶山篤さんには，この本の企画を勧めてくれたことに感謝したい．Wilsonのくりこみ群について本を書くのは私の長年の願いであった．最後に，この本を書くことを励ましてくれた神戸大学の同僚，西野友年さんに感謝する．

2014年1月　神戸にて　　　　園田 英徳

# この本の読み方

「今度こそわかる」シリーズの主旨にそって，とにかくわかりやすい本にすることをめざした．

この本の各章のあらすじは以下のとおりである．

**第1章** くりこみ理論の歴史を簡単に紹介する．

**第2章** くりこみの操作が具体的にどういうものか，ふたつの例を使って説明する．

**第3章** 3次元 Ising（イジング）模型を例に臨界現象の特徴をまとめる．スケーリング則を導入する．

**第4章** 臨界現象と連続極限の関係を説明する．第3章で仮定したスケーリング則を使って3次元 Ising 模型の連続極限をとる．

**第5章** 3次元 $\phi^4$ 理論のスケーリング則を仮定して，連続極限をとる．

**第6章** 連続極限の普遍性の概念が何であるかを説明する．

**第7章** Wilson のくりこみ群を導入して，これまで仮定してきたスケーリング則およびその普遍性を導く．

**第8章** 摂動論的な3次元 $\phi^4$ 理論を Wilson のくりこみ群を使って理解する．

**第9章** 4次元 $\phi^4$ 理論を Wilson のくりこみ群を使って理解する．

**第10章** 漸近的に自由な理論の例として，2次元 $O(N)$ 非線形 $\sigma$ 模型を説明する．

**付録A** $D$ 次元 $O(N)$ 線形 $\sigma$ 模型の臨界指数を，$N \to \infty$ の極限で鞍点法を使って計算する．

**付録B** QED（量子電気力学）のくりこみを簡単に紹介する．

できるならばこの本は2回3回と読んでほしい．読み方にはいろいろな可能性があるだろう．ここに3回読む場合の例をあげよう．

|      | 読む章 |
|------|--------|
| 1回目 | 1から6, 付録A ($D=3$ まで) |
| 2回目 | 2から6を復習して, いよいよ7 (章末の補説を除く) |
| 3回目 | 4, 5を復習して, ふたたび7, そして8から10, 付録A |

　各章末にその章の短いまとめをつけたので，復習するときは，まとめられているそれぞれのポイントをおさえるように読み返すとよいと思う.

　この本で特に力を入れて書いたのは，Wilson のくりこみ群を説明した第7章から第9章である. 是非とも読み通してほしい.

## 単位系についての注意

　この本では物理量を単位付きの数値で与えることはあまりしないが, 基本的に**自然単位系**を使う. 自然単位系では, Planck 定数 $h$ を $2\pi$ で割った $\hbar$ と真空中の光速 $c$ がともに1になる.

$$\boxed{\hbar = c = 1}$$

　自然単位系では，ひとつだけ単位が必要である. たとえばそれを長さ m としよう. このとき物理量の単位はすべて m の冪になる. 通常 (たとえば SI 系) の単位に戻すには, 通常の単位系で表した $\hbar$ と $c$ を使えばよい.

　例として振動数を考えると, 自然単位系での振動数の単位は波数と同じ $\mathrm{m}^{-1}$ である. 振動数 $1\,\mathrm{m}^{-1}$ という数値を, 通常の $\mathrm{s}^{-1}$ を単位として表記するには,

$$c = 3.0 \times 10^8\,\mathrm{m/s}$$

を使って,

$$1\,\mathrm{m}^{-1} = 1\,\mathrm{m}^{-1} c = 3.0 \times 10^8\,\mathrm{s}^{-1}$$

とすればよい. また, 自然単位系では, エネルギーも $\mathrm{m}^{-1}$ を単位として測られる. これを通常の eV に直すには,

$$\hbar c = 2.0 \times 10^{-7}\,\mathrm{eV\cdot m}$$

を使って,

$$1\,\mathrm{m}^{-1} = 1\,\mathrm{m}^{-1}\,\hbar c = 2.0 \times 10^{-7}\,\mathrm{eV}$$

とすればよい.

## 等号の用法

この本では，通常の等号 = のほかに，

- 定義を表す等号： $\equiv$
- 近似的な等号： $\simeq$
- 比例定数を省いた近似的な等号： $\sim$
- 漸近的に成り立つ等号： $\approx$

を使っている．漸近的な等号 $\approx$ は，極限をとると通常の等号 = になる．たとえば Stirling の公式は，漸近的に成り立つ公式で，$N \gg 1$ のとき

$$\ln N! \approx N(\ln N - 1)$$

と与えられる．補正は $\ln N$ のオーダーであるから，

$$\lim_{N \to \infty} \frac{\ln N! - N(\ln N - 1)}{N} = 0$$

が成り立つ．これは統計力学でよく使われる公式である．

# 目 次　今度こそわかるくりこみ理論

まえがき ............................................................................. iii
この本の読み方 ..................................................................... iv

## 第1章　くりこみの歴史 .................................................. 1
1.1　ことのはじまり ............................................................ 2
1.2　自己エネルギーの発散 ................................................. 2
1.3　戦後の大進展 ............................................................... 5
1.4　Wilson のくりこみ群 ................................................... 7
1.5　その後の進展 ............................................................... 8
　　　第1章の参考文献 ...................................................... 10

## 第2章　簡単な模型 ........................................................ 13
2.1　調和振動子 ................................................................. 14
2.2　調和振動子模型 .......................................................... 18
2.3　自由場の理論 ............................................................. 24
　　　第2章 補説 ............................................................... 32
　　　【まとめ】 ................................................................ 40

## 第3章　3次元 Ising 模型 ............................................... 43
3.1　3次元 Ising 模型 ........................................................ 44
3.2　平均場近似 ................................................................. 45
3.3　臨界現象 .................................................................... 47
3.4　スケーリング則 .......................................................... 49
　　　【まとめ】 ................................................................ 51

## 第4章 連続極限 … 53

4.1 連続な空間を離散的な空間から作る … 54
4.2 3次元 Ising 模型の連続極限 … 55
4.3 くりこみ群方程式 … 57
4.4 近距離での振る舞い（近距離近似） … 58
【まとめ】 … 59

## 第5章 $D$ 次元スカラー理論 … 61

5.1 格子理論 … 62
5.2 スケーリング則 … 64
5.3 連続極限 … 65
5.4 くりこみ群方程式 … 66
5.5 $\lambda_0$ への依存性 … 68
5.6 運動量カットオフ … 69
【まとめ】 … 71

## 第6章 普遍性 … 75

6.1 van der Waals の状態方程式 … 76
6.2 格子気体 … 78
6.3 スケーリング則の普遍性 … 80
第6章 補説 … 82
【まとめ】 … 85

## 第7章 Wilson のくりこみ群 … 87

7.1 Wilson のくりこみ群変換 … 88
7.2 不動点 … 92

- 7.3 くりこみ群変換の線形化 …… 94
- 7.4 $\mathcal{S}_\infty$ 上の相関関数 …… 97
- 7.5 $\phi^4$ 理論が臨界であるための条件 …… 100
- 7.6 スケーリング則の導出 …… 103
- 7.7 普遍性の導出 …… 107
  - 第7章 補説 …… 109
  - 【まとめ】 …… 117

## 第8章 3次元スカラー理論の Gauss不動点 …… 119

- 8.1 スケーリング則の導出 …… 120
- 8.2 連続極限 …… 125
- 8.3 運動量カットオフ …… 126
  - 第8章 補説 …… 128
  - 【まとめ】 …… 129

## 第9章 4次元スカラー理論の くりこみ群による理解 …… 131

- 9.1 4次元 $\phi^4$ 理論の Gauss 不動点 …… 132
- 9.2 $m^2$ と $\lambda$ だけに依存する相関関数 …… 136
- 9.3 スケーリング則の導出 …… 142
- 9.4 運動量カットオフ …… 149
- 9.5 くりこみ群方程式 …… 150
- 9.6 摂動展開 …… 151
  - 第9章 補説 …… 154
  - 【まとめ】 …… 156

## 第10章 O(N) 非線形 σ 模型 ... 159

- 10.1 O(N) 非線形 σ 模型 ... 160
- 10.2 パラメーターのくりこみ群方程式 ... 161
- 10.3 スケーリング則の導出 ... 162
- 10.4 連続極限 ... 167
- 10.5 くりこみ群方程式 ... 169
- 10.6 近距離展開（近距離近似）... 170
  - 第10章 補説 ... 172
  - 【まとめ】... 173

**付録 A** ラージ $N$ 極限 ... 177
- A.1 $D=3$ の場合 ... 180
- A.2 $D=4$ の場合 ... 183
- A.3 $D=2$ の場合 ... 185
- A.4 3次元 $\phi^6$ 理論 ... 187

**付録 B** QED のくりこみ ... 191

**参考文献** ... 194

**索引** ... 195

# 第1章
# くりこみの歴史

くりこみの歴史を簡単に紹介しよう．

# 第1章 くりこみの歴史

## 1.1 ことのはじまり

19世紀に完成された Faraday–Maxwell（ファラデー–マクスウェル）の古典電磁気学は，空間中で連続的に分布する電荷および電流と，電磁場の関係を記述する理論である．電磁場は電荷と電流によって作られ，電磁場の時間変化は空間中を電磁波として伝搬する．また逆に，電荷と電流は電磁場によって力を受けて，その空間分布を変えていく．しかし非の打ち所のないように見えた古典電磁気学も，電子という点電荷の発見により窮地におちいった．

電子は，19世紀末に J. J. Thomson（J・J・トムソン）が発見した粒子で，電流は数多くの電子の流れであることがわかった．Drude（ドルーデ）らの研究をとおして，物質の電磁的な性質に電子が重要な働きをもつこともわかってきた．しかし問題は，電子に大きさがないことであった．

半径 $a$ の領域に分布する電荷 $e$ を考えよう．静電エネルギーは電荷分布にもよるが，だいたい

$$\frac{e^2}{a}$$

の大きさをもつ．半径がゼロであれば，もちろん無限である．したがって古典電磁気学は，点電荷である電子の存在を受け入れることができない．Lorentz（ローレンツ）は電子に有限の大きさがある可能性を追究したが，有限の大きさをもつ電荷を相対論的に不変な形で記述することは大変難しかった．

この自己エネルギーの問題は，量子力学にも引き継がれた．以下，問題がいかに進展していったか概略を追ってみよう．

## 1.2 自己エネルギーの発散

Heisenberg（ハイゼンベルク）と Schrödinger（シュレーディンガー）が独立して量子力学を提唱した1925年からほどなく，1928年に，Dirac（ディラック）が非相対論的な Schrödinger 方程式を相対論的に不変な Dirac 方程式に拡張した．電子が従うのはこの Dirac 方程式である．直後の1929年には Heisenberg と Pauli（パウリ）によって量子電気力学（QED）が提唱された．電子と電磁場の相互作用を量子力学的に記述する一大系である．

素電荷を $e$ とすると，微細構造定数は

$$\alpha \equiv \frac{e^2}{\hbar c} \simeq \frac{1}{137}$$

で与えられる[*1]．QED を使って，電子の束縛エネルギーや散乱確率を $\alpha$ の関数として計算することができる．計算結果の有名な例は，光子による電子の Compton（コンプトン）散乱の断面積を与える Klein–Nishina（クライン–仁科）の公式である．

$$\sigma_{\text{Compton}} = \frac{8\pi}{3}\alpha^2 \lambdabar^2 \cdot F(\gamma) = \frac{8\pi}{3}\alpha^2 \lambdabar^2 \cdot \left(1 - 2\gamma + \frac{26}{5}\gamma^2 + \cdots\right)$$

ここで $\lambdabar \equiv \frac{\hbar}{mc} \simeq 4 \times 10^{-13}$ m は電子の Compton 波長，$\gamma \equiv \frac{\hbar\omega}{mc^2}$ は光子のエネルギーと電子の質量エネルギーの比である．Klein–Nishina の公式は，実験と非常によく合う．したがって $\alpha^3$ のオーダーの補正は小さいはずである．

しかし，実際に求めようとすると，この補正が無限大に発散してしまうことがわかった．発散は，摂動計算の中間状態に現れる光子のエネルギーが無制限であることからくる．高いエネルギーの光子の寄与が十分小さくならないのである．このような発散は，**紫外発散**とよばれる．紫外発散は，水素原子中の電子の束縛エネルギーへの補正など，QED のすべての過程に共通してみられた．そこで，QED は摂動の最低次だけで意味をなすと考える人たちも出たくらいである．

紫外発散の問題を物理の問題としてとらえたのは，Heisenberg である．Tomonaga（朝永）は，1937 年から 1939 年にかけて Heisenberg のもとで研究をしていた．彼は，「Heisenberg に感化されて発散の問題に真っ向から取り組む気になった」とノーベル賞講演で述べている．もうひとり Heisenberg の影響で，QED における紫外発散をはじめて系統的に考察したのは Weisskopf（ヴァイスコップフ）である．彼は Dirac 方程式を使って電子の自己エネルギーを計算した．Dirac のホール（正孔）理論[*2]を使わないと，古典理論と同じように自

---

[*1] ここでは cgs 静電単位系を使って $e \simeq 4.8 \times 10^{-10}$ esu としている．SI 系での素電荷 $q \simeq 1.6 \times 10^{-19}$ C とは $e^2 = \frac{q^2}{4\pi\epsilon_0}$ の関係がある．

[*2] Dirac 方程式には正エネルギーの解と負エネルギーの解がある．基底状態では，負エネルギーの一粒子状態がすべて占有されているとするのがホール理論である．

**図 1.1** 電子の自己エネルギー $(\Delta m)c^2$ を与える Feynman（ファインマン）グラフ．実線が電子，破線が光子を表す．$\Lambda$ を光子の最大のエネルギーとすると，自己エネルギーは $\ln \Lambda/(mc^2)$ に比例して発散してしまう．Weisskopf は Feynman グラフの方法が発見される前に，通常の摂動論の方法を使って自己エネルギーを計算した．

己エネルギーは発散してしまうが，ホール理論を使えば，Pauli の排他律のおかげで，発散の度合いが弱まり，対数発散しかしないことがわかった（図 1.1）．

$$(\Delta m)c^2 \sim \alpha mc^2 \ln \frac{\Lambda}{mc^2}$$

ここで $\Lambda$ は中間状態に現れる光子の最大のエネルギーである．$\Lambda$ を無限にとると自己エネルギーは対数発散する．しかし，対数発散とはいえ，発散は発散である．あってはいけないものである．

そのために，すでに 1930 年代の終わりには，**くりこみ**の概念が導入されていた．そのアイディアは簡単である．静止した電子のエネルギーを

$$(m + \Delta m)c^2$$

としよう．ここで $\Delta m$ は対数発散している．この全体を電子の物理的な質量

$$m_{\mathrm{ph}} \equiv m + \Delta m$$

として再定義し，すべての物理量を $m$ の関数ではなく，$m_{\mathrm{ph}}$ の関数として表せば，発散はなくなるのではないか？ というのが基本的な着想である．実は，これだけではすべての発散が消えるわけではない．発散にはもうひとつのタイプがあって，それは電荷への補正として現れる．

$$e_{\text{ph}} \equiv e + \Delta e = e\left(1 + \frac{\Delta e}{e}\right)$$

ここで $\frac{1}{e}\Delta e$ も $\alpha$ の冪に展開できるが，それぞれの係数は $\Delta m$ と同様に対数発散する．$m, e$ のかわりに $m_{\text{ph}}, e_{\text{ph}}$ を理論のパラメターとして選べば，物理量から発散はなくなる．これがくりこみの考えである．つまり

**発散量を質量と電荷の定義にくりこむ**

のである．

最終的にこの考え方でうまく行くのだが，その結論に至るには第 2 次世界大戦の終結を待たねばならなかった．

## 1.3 戦後の大進展

摂動計算に現れる発散がすべて質量と電荷にくりこめること（これを**くりこみ可能性**という）を示すには，ふたつの障害があった．ひとつは，相対論的に不変な QED の定式化がなかったこと，もうひとつは理論と照らし合わせる精密な実験データがなかったことである．つまり，実験データを理解するには，最低次の QED で事足りていたのである．

相対論的に不変な QED の定式化がなかったことは，くりこみにとって本質的な問題であったわけでなく，むしろ理論家が自分たちの計算に自信をもてないことの原因になった．1947 年に Lamb（ラム）と Retherford（レザフォード）は水素原子中の電子の 2s 状態がほんの少し，

$$\Delta E_{2s} \simeq 1\,\text{GHz} \simeq 7 \times 10^{-7}\,\text{eV}$$

だけ高くなっていることを発見した．このずれは Lamb シフトとよばれる．

Lamb シフトの発見後間もなく，Bethe（ベーテ）が非相対論的な計算によってみごとにこの値を説明したのは，驚くべきことであった．Bethe の計算は，くりこみの考えがうまく行くことを示しただけでなく，くりこみには必ずしも相対論的な理論の定式化が必要ないことを示した．Bethe は光子のエネルギーに $\Lambda = mc^2$ という上限をおき，質量のくりこみだけを考慮した．

この仮定を正当化するより詳しい計算は，のちに Kroll（クロル）–Lamb と

French（フレンチ）–Weisskopf の 2 チームによって独立に行われた．日本では，Tomonaga のグループもほぼ同時に同じ結果を得た．戦前から戦後に至る日本でのくりこみ理論の発展は，Tomonaga のノーベル賞講演にそのあらましが説明されている．

もうひとつの大きな成果は，Schwinger（シュウィンガー）による電子の異常磁気モーメントの計算である．電子の磁気モーメントを，ある係数と Bohr（ボーア）磁子との積の形，すなわち

$$\mu = \frac{g}{2}\mu_B \quad \left(\mu_B \equiv \frac{e\hbar}{2mc} \text{は Bohr 磁子}\right)$$

という形に表すと（ここで現れる $g$ は $g$ 因子とよばれる），Dirac 方程式より $g=2$ を得る．Schwinger はまず QED を相対論的に定式化し，それを使って，$g$ が 2 からどれだけずれているか，すなわち

$$\frac{1}{2}(g-2) = \frac{\alpha}{2\pi} \simeq 0.00116$$

という補正を計算した[*3]．この結果はまもなく Kusch（クッシュ）と Foley（フォリー）によって実験的に検証された．

Tomonaga や Schwinger と並んで QED の発展に莫大な貢献をしたのは Feynman である．Feynman は Feynman ダイアグラム（または Feynman グラフ）を使う直感的な方法で，QED を相対論的に再構成し，理論の見通しを格段によくした．これを受けて Dyson（ダイソン）は Feynman の定式化と Tomonaga–Schwinger による定式化が同等であることを示し，さらに Feynman の定式化を使ってくりこみが摂動展開の任意の次数までうまく行くことを証明した．

摂動論におけるくりこみ理論は，多くの人の努力によってさらなる発展を遂げた．しかし方法論としての大きな進歩はあっても，くりこみの物理的な意味は解明されないままであった．

---

[*3] Schwinger の墓標には，$\frac{\alpha}{2\pi}$ が刻まれている．

## 1.4 Wilson のくりこみ群

Wilson によるくりこみ群の導入に対して，先駆的な役割を果たしたのは，Gell-Mann（ゲルマン）と Low（ロウ）による QED の共同研究である[*4]．彼らは，質量スケール $\mu$[*5]に依存する結合定数 $\alpha_\mu$ の概念を初めて導入し，「$\mu \to \infty$ の極限をとれば，結合定数は定数になるのではないか」と予想した．結合定数の $\mu$ 依存性を与える Gell-Mann–Low の方程式

$$\mu^2 \frac{\partial \alpha_\mu}{\partial \mu^2} = \psi(\alpha_\mu)$$

は，Wilson がくりこみ群[*6]を発想する上で大きなヒントになった．

スケールに依存する結合定数の考えは，Kadanoff（カダノフ）によって空間のスケール変換と結びつけられて進化した．Kadanoff は Ising 模型に Kadanoff 変換を導入し，臨界現象を特徴づける臨界指数がスケール変換において果たす役割を明らかにした[*7]．

Ising 模型は，強磁性を説明するための導入された統計力学のモデルである（3 次元の Ising 模型は第 3 章で詳しく解説する）．たとえば，温度 $T$，外磁場 $h$ の Ising 模型を考えよう．臨界温度 $T_c$ の近傍で，長さを $L$ 分の 1 に縮めるスケール変換をして得られる Ising 模型の温度と外磁場をそれぞれ $T_L$ と $h_L$ と書く．このとき，$T_L$ と $h_L$ は

$$\begin{cases} L\dfrac{d}{dL}(T_L - T_c) = y_E(T_L - T_c) \\ L\dfrac{d}{dL} h_L = y_h h_L \end{cases}$$

を満たすと Kadanoff は仮定した．この結果，自由エネルギー密度について

---

[*4] Gell-Mann は Wilson の大学院での指導教員．
[*5] 質量スケールは，すなわちエネルギースケールのことである．同じ理論を表す場合でも，くりこまれたパラメーターの値はそれを定義するエネルギースケールに依存する．最初の具体例を第 2.2 節で導入する．
[*6] Gell-Mann と Low の仕事より少し早く，Stückelberg（シュテュッケルベルク）と Petermann（ペーターマン）はくりこみ群を導入した．くりこまれた理論を特徴づけるパラメーターの選び方には任意性があり，ひとつの選び方からもうひとつの選び方への変換は，数学で「群」とよばれる集合を作る．
[*7] Wilson はノーベル賞講演で Kadanoff にスクープされたと語っている．

Widom（ウィダム）が提唱していたスケーリング則を Kadanoff は導いたのである．$T, h$ の Ising 模型から $T_L, h_L$ の Ising 模型への変換は，Kadanoff 変換とよばれる．

Kadanoff 変換を最大限に一般化したくりこみ群変換が Wilson によって導入されたのは，1971 年のことである[*8]．Wilson がくりこみ群を発想するに至ったのは，もともと場の理論，特にくりこみの背景にある物理を理解するためであった．根底にあるアイディアは，高いエネルギースケールから出発して，より低いエネルギースケールの自由度の寄与を少しずつ取り入れながら，場の理論を構成することである．

しかし，くりこみ群が花開いたのは，場の理論への応用よりもむしろ臨界現象への応用であった．コーネル大学での同僚であった Widom や Fisher（フィッシャー）から学んだ臨界現象が，場の理論と共通の物理をもつことを Wilson は看破した．1972 年に Fisher と共同で考案した $\epsilon$（エプシロン）展開は，臨界指数の定量的な計算方法として大進展を遂げることになる．一方，くりこみ群の数学的な構造は，Wegner（ヴェーグナー）によって深い考察が与えられた．Wegner はまた，格子ゲージ理論を考案し，それは Wilson, Polyakov（ポリャコフ），Smit（スミット）によって強い相互作用（QCD）の格子理論へと発展した．

## 1.5 その後の進展

1972 年以降の 10 年間は $\epsilon$ 展開以外にも，本書の付録 A で解説するラージ $N$ 極限や $1/N$ 展開が，多くの研究者によって盛んに開発，応用されて，臨界現象の定量的な理解は大きな進歩を遂げることになる．Wilson は，「相転移に関連した臨界現象の理論」を受賞理由として，1982 年度のノーベル物理学賞を受賞した．

Wilson がくりこみ群を導入したことによって，くりこみの背景にある物理は，意外にも臨界現象のスケーリング則（第 3, 4 章）に基づいて説明されるこ

---

[*8] いまから 40 年以上も前のことだが，Wilson の着想はいまだに天からふってわいた奇跡のように思える．

とになった．いまやくりこみ群の考え方，少なくともエネルギースケールに依存した結合定数の考え方は，素粒子論研究者の常識になっている．

臨界現象の研究が急速に進展した 10 年間は，素粒子論も大きく進展した 10 年間だった．ゲージ理論，大統一理論，超対称理論のどれをとっても，くりこみ群が重要な働きをしている．特に QCD が漸近的に自由な理論であることは，Wilson によってくりこみ群が導入された直後に発見されて，「クォークをハドロンとして閉じ込める強い相互作用が，高いエネルギースケールでは弱くなる」という実験事実が説明された．

その後，現在までの 30 年間の理論的な進展についていえば，格子ゲージ理論の数値計算の精度が格段に上がったことや，弦理論のさまざまな進歩が特筆されるべきだろう．特にくりこみ群に関係することからふたつ選ぶと，ひとつは 1983 年に Polchinski（ポルチンスキー）が Wilson のくりこみ群を使って，4 次元 $\phi^4$ 理論の摂動論的なくりこみ可能性を証明したことがあげられる．従来の証明に比べてかなり物理的な証明である．この本では，Polchinski のこの仕事は紹介しないが，$\phi^4$ 理論は，第 9 章で詳しく解説する．

もうひとつは，1990 年代後半から現在に至るまで，Wetterich（ヴェテリッヒ）に率いられる Heidelberg（ハイデルベルク）学派が Wilson のくりこみ群を自由エネルギーの計算手法として開発していることである[*9]．応用の対象は実に広く，素粒子論や原子核理論にとどまらず，物性論や量子重力も含んでいる．

第 4, 7 章で詳しく説明するように，理論をくりこむためには実際に Wilson 作用（この本では Boltzmann［ボルツマン］の重みとよんでいる）を求める必要はないが，Wetterich らはエネルギースケールを下げるにつれて Wilson 作用がどう変化するかを実際に計算するのである．Wilson 作用は，エネルギースケールがゼロの極限で，自由エネルギーを与える．Wilson 作用のエネルギースケールへの依存性を表す厳密な方程式は，Wilson をはじめ多くの人が導いているが，実際に解くには方程式そのものをある程度近似しなければならない．この近似の良し悪しが解の信頼度を左右する．

---

[*9] Heidelberg 学派が 1 年おきに主催する ERG 学会には，著者も参加させてもらっている．ERG は Exact Renormalization Group の略．ERG は最近では fRG（functional RG）とよばれることが多い．

最近，くりこみの意義は変わってきている．QEDのくりこみ可能性が示された後長い間，QEDは素粒子理論の模範となっていた．「くりこみ可能でない理論は未完成な理論で，くりこみ可能な理論に格上げされなければならない」という考えにそって素粒子理論は発展し，標準模型が完成されたのである．しかし現在，くりこみ可能性はあるべき理論の条件にはなっていない．

そのもっとも大きな理由は，Planck（プランク）スケール

$$\Lambda_P \equiv c^2\sqrt{\frac{\hbar c}{G_N}} \simeq 1.2 \times 10^{19}\,\text{GeV}$$

の存在である．（$G_N$ は Newton［ニュートン］定数．）このエネルギースケールになると，素粒子間の重力相互作用はほかのゲージ相互作用と同じくらいの強さになって，重力も量子化されなければならなくなる．重力を量子化するには，おそらく弦理論のように，いままでの量子場の理論を超えた定式化が必要になるだろう．したがって Planck スケール $\Lambda_P$ は，物理的なエネルギーカットオフ[*10]の役目を果たし，場の理論は $\Lambda_P$ より低いエネルギースケールで成り立つ**低エネルギー有効理論**としての役割を担うことになる．

くりこみ可能性があるべき理論の模範という地位から降りたもうひとつの理由は，標準模型や QED が真の意味ではくりこみ可能でないことである．第9章で解説するように，4次元 $\phi^4$ 理論のカットオフを無限大にとることはできない．しかし，カットオフが十分大きければ2乗質量 $m^2$ と結合定数 $\lambda$ のふたつしか自由度のない理論になって，カットオフが無限大の連続極限とほぼ区別ができなくなる．

このように，見ている物理のエネルギースケールに比べてカットオフが十分大きい理論の振る舞いを理解するのにも，Wilson のくりこみ群の考え方は不可欠である．

## 第1章の参考文献

著者の知識には偏りがあるので，すべてをまんべんなく取り上げる歴史の紹介にはなっていないかもしれない．QED のくりこみに関しては，以下の文献

---

[*10] ここで，カットオフとは，許される最大値という意味である．より詳しくは，第5.6節で説明する．

を参考にしてほしい.

1. V. Weisskopf, *Physical Review* **56** (1939) 72–85： Dirac 理論を使って電子の自己エネルギーを定量的に詳しく調べた論文.
2. S.-I. Tomonaga, 1965 年度ノーベル物理学賞講演
3. H. A. Bethe, *Physical Review* **72** (1947) 339–341： Lamb シフトの理論的導出.
4. F. J. Dyson, *Physical Review* **75** (1949) 486–502; **75** (1949) 1736–1755： 前者は, Schwinger–Tomonaga の理論と Feynman の理論が同等であることを示した論文. 後者は, QED が摂動論の任意の次数でくりこみ可能であることを証明した論文.
5. J. Schwinger, *Selected Papers on Quantum Electrodynamics* (1958 年, Dover)： QED の発展に重要な役割を果たした論文の選集.
6. S. S. Schweber, *QED and the Men Who Made It: Dyson, Feynman, Schwinger, and Tomonaga* (1994 年, Princeton University Press)： QED のくりこみ理論が発展した歴史を詳しく解説した大著.

また, Wilson の研究の進展については以下を参照した.

7. K. G. Wilson, 1982 年度ノーベル物理学賞講演

# 第2章
# 簡単な模型

くりこみの操作をふたつの簡単な例から学ぼう．

## 第2章 簡単な模型

くりこみは，もともと発散する量を物理的ではないパラメーターにくりこんで，物理量を有限にする作業（または操作）につけられた名前である．調和振動子の例でこの作業が実際どう行われるか見よう．その次には，この本で重要になる格子模型の連続極限を，もっとも簡単で具体的な例によって学ぼう．

### 2.1 調和振動子

くりこみの操作を説明するには，複雑な模型を考える必要はなく，調和振動子の簡単な模型を考えればよい．第2.2節で導入する例を理解するのに必要な基本事項を以下にまとめよう．量子力学の復習が必要でない読者は，すぐに第2.2節に進んでよい．

質量 $m$，固有角振動数 $\omega$ の調和振動子のハミルトニアンは

$$H = \frac{\hat{p}^2}{2m} + \frac{m\omega^2}{2}\hat{x}^2$$

で与えられる（図2.1）．ここで $\hat{p}$ は運動量のオペレーター，$\hat{x}$ は座標のオペレーターである．

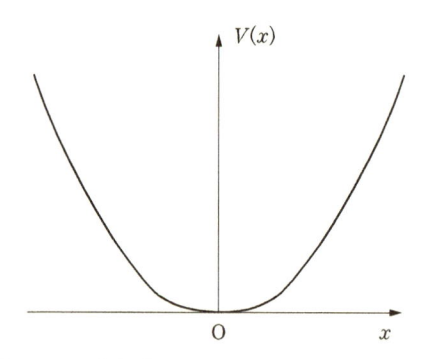

**図 2.1** 調和振動子のポテンシャルエネルギー．

座標と運動量は正準交換関係

$$[\hat{x}, \hat{p}] = i\hbar$$

を満たす．ここで，消滅演算子 $\hat{a}$ とそのエルミート共役である生成演算子 $\hat{a}^\dagger$ を

$$\begin{cases} \hat{a} \equiv \sqrt{\dfrac{m\omega}{2\hbar}}\,\hat{x} + i\sqrt{\dfrac{1}{2m\hbar\omega}}\,\hat{p} \\ \hat{a}^\dagger \equiv \sqrt{\dfrac{m\omega}{2\hbar}}\,\hat{x} - i\sqrt{\dfrac{1}{2m\hbar\omega}}\,\hat{p} \end{cases}$$

で定義しよう．生成・消滅演算子は，交換関係

$$[\hat{a}, \hat{a}^\dagger] = 1$$

を満たすように作られている．生成・消滅演算子を使って調和振動子のハミルトニアンを書き直すと

$$\hat{H} = \hbar\omega\left(\hat{a}^\dagger \hat{a} + \frac{1}{2}\right)$$

となる．

$\hat{a}$ と $\hat{a}^\dagger$ の交換関係から

$$[\hat{a}, \hat{a}^\dagger \hat{a}] = \hat{a}$$

を導くことができる．これより，$\hat{a}$ は $\hat{a}^\dagger \hat{a}$ の固有値を 1 下げることがわかる．この性質により，$\hat{a}$ は消滅演算子とよばれている．同様に，

$$[\hat{a}^\dagger, \hat{a}^\dagger \hat{a}] = -\hat{a}^\dagger$$

は $\hat{a}^\dagger$ が $\hat{a}^\dagger \hat{a}$ の固有値を 1 上げることを意味するから，$\hat{a}^\dagger$ は生成演算子とよばれることになる．よって，基底状態 $|0\rangle$ は，

$$\hat{a}|0\rangle = 0$$

で定義され，

$$\hat{H}|0\rangle = \frac{1}{2}\hbar\omega|0\rangle$$

を満たす．基底状態のエネルギーは，ゼロではなく，$\frac{1}{2}\hbar\omega$ である．基底状態のエネルギーはゼロ点エネルギーとよばれる．

さらに，規格化された $n\,(=1,2,3,\cdots)$ 番目の励起状態は，

$$|n\rangle \equiv \frac{1}{\sqrt{n!}}\left(\hat{a}^\dagger\right)^n |0\rangle$$

というように，生成演算子を基底状態に作用することによって得られ，

$$\hat{H}|n\rangle = \left(n + \frac{1}{2}\right)\hbar\omega|n\rangle$$

を満たす．

つぎに，応用として $N$ 自由度の振動子からなる系を考えよう．ハミルトニアンは一般に

$$\hat{H} = \sum_{i,j=1}^{N} \hbar \hat{a}_i^\dagger \Omega_{ij} \hat{a}_j$$

と書くことができる．ここで，生成・消滅演算子は交換関係

$$\left[\hat{a}_i, \hat{a}_j^\dagger\right] = \delta_{ij}, \quad [\hat{a}_i, \hat{a}_j] = \left[\hat{a}_i^\dagger, \hat{a}_j^\dagger\right] = 0$$

を満たす．$\Omega_{ij}$ は角振動数からなる $N$ 次の対称行列である．（より一般にはエルミート行列．）次節で考察する模型は，この模型の特別な場合である．

いま $\Omega_{ij}$ を対角化する直交行列を $O_{ij}$ とすると，

$$\sum_{k,l=1}^{N} O_{ik} \Omega_{kl} O_{jl} = \omega_i \delta_{ij}$$

となる．ここで $\omega_i\,(i=1,\cdots,N)$ は $\Omega_{ij}$ の固有値である．系が安定であるためには，固有値はすべて正でなければならない．

$$(\forall i) \quad \omega_i > 0$$

新しく消滅演算子を

$$\hat{A}_i \equiv \sum_{j=1}^{N} O_{ij} \hat{a}_j$$

で定義すると，

$$\hat{a}_i = \sum_{j=1}^{N} O_{ji} \hat{A}_j$$

だから，ハミルトニアンは対角化されて

$$\hat{H} = \hbar \sum_{i,j=1}^{N} \sum_{k,l=1}^{N} O_{ki}\hat{A}_k^\dagger \Omega_{ij} O_{lj} \hat{A}_l = \hbar \sum_{i=1}^{N} \omega_i \hat{A}_i^\dagger \hat{A}_i$$

となる．つまり系は，角振動数が $\omega_i$ $(i=1,\cdots,N)$ の独立な振動子の集まりである．

調和振動子は，量子力学のもっとも基礎的な例であるばかりでなく，場の理論にとってももっとも基礎的な例になる．場の理論の初歩を学んだ人ならば誰でも知っているように，相互作用のない自由場は互いに独立な調和振動子の集まりとみなすことができる[*1]．たとえば電磁場は，光子のモード（波数と偏極）に応じてひとつずつある振動子の集まりとみなすことができる．$n$ 番目の励起状態は，その波数と偏極をもつ光子が $n$ 個存在する状態である．

互いに独立な調和振動子の集まりを考えても，何もおもしろいことが起こらないと思うかもしれない．しかし物は使いようである．ふたつの振動子の消滅・生成演算子をそれぞれ $a, a^\dagger$ そして $b, b^\dagger$ とし，これらを使ったハミルトニアン

$$\hat{H} = \hbar\Omega(\hat{a}^\dagger \hat{a} + \hat{b}^\dagger \hat{b}) - \hbar\omega(\hat{a}^\dagger \hat{b} + \hat{b}^\dagger \hat{a})$$

を考えよう．ここで $\omega \ll \Omega$ と仮定すると，振動子 $\hat{a}$ と $\hat{b}$ はそれぞれ固有振動数 $\Omega$ をもつと考えてよい．$\omega$ に比例した項は，摂動を与えると考えられる．$\hat{a}^\dagger \hat{b}$ は $\hat{b}$ の励起数をひとつ下げる代わりに $\hat{a}$ の励起数をひとつ上げる．（または $\hat{b}$ の粒子が $\hat{a}$ の粒子に変わるとも解釈できる．）同様に $\hat{b}^\dagger \hat{a}$ は $\hat{a}$ の励起数をひとつ下げ，$\hat{b}$ の励起数をひとつ上げる．つまり $\omega$ の項は，ふたつのモードの間でエネルギーのやりとりを可能にする働きをもつ．これは古典的には「うなり」または「共鳴」である．

ハミルトニアンを対角化すると，

$$\hat{H} = \hbar(\Omega - \omega)\hat{A}^\dagger \hat{A} + \hbar(\Omega + \omega)\hat{B}^\dagger \hat{B}$$

ただし

---

[*1] 場の理論の基礎を知りたければ，西野友年『今度こそわかる場の理論』（講談社）を読むとよい．

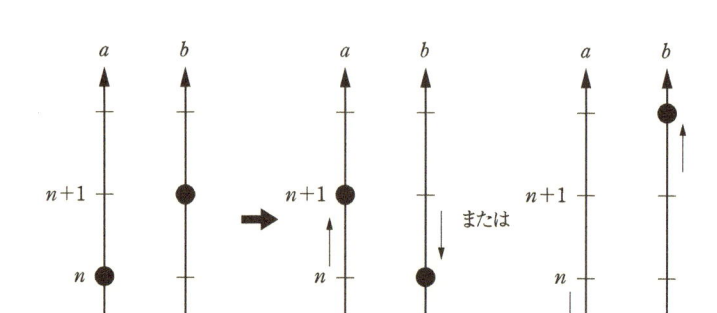

図 2.2 ふたつの振動子の間でエネルギーがやりとりされる.

$$\hat{A} \equiv \frac{1}{\sqrt{2}} \left( \hat{a} + \hat{b} \right), \quad \hat{B} \equiv \frac{1}{\sqrt{2}} \left( \hat{a} - \hat{b} \right)$$

である. $\omega$ で表される相互作用によってふたつのモードの間にエネルギー差が生じ, ひとつは $\hbar\Omega$ より大きく, もうひとつは小さくなることがわかる. Heisenberg はこのメカニズムを使って, 水素分子の束縛エネルギーを説明したのである.

さて, 上の模型で $\hat{b}$ の振動子がたくさんあったらどうなるだろうか？ $\hat{a}$ の振動子のエネルギーを受け取ることのできるモードが増えると, いったん $\hat{a}$ が失ったエネルギーは取り戻しにくくなる. つまり $\hat{a}$ のモードは不安定になるのである. 次節で考える模型はこのタイプである.

## 2.2 調和振動子模型

くりこみの操作を説明するために, 次のハミルトニアンをもつ系を考えよう. (これを最初に考えたのは U. Fano, *Nuovo Cimento* 12, 156 (1935), *Phys. Rev.* 124, 1866 (1961).)

$$H = \Omega\, a^\dagger a + \sum_n \omega_n\, a_n^\dagger a_n - \sum_n g_n \left( a^\dagger a_n + a_n^\dagger a \right)$$

ただし $g_n$ は実パラメーターである. ここで生成・消滅演算子は交換関係

$$[a, a^\dagger] = 1, \quad \left[ a_n, a_{n'}^\dagger \right] = \delta_{nn'}, \quad その他はゼロ$$

を満たすものとする．ところで，これからは $\hbar = 1$ とし，角振動数とエネルギーは区別しないことにする．さらに，前節ではオペレーターを表すためにつけていた $\hat{\phantom{a}}$ の記号を今後は省略することにする．

自由ハミルトニアンを

$$H_0 = \Omega\, a^\dagger a + \sum_n \omega_n\, a_n^\dagger a_n$$

と定義し，さらに相互作用ハミルトニアンを

$$H_I = -\sum_n g_n \left( a^\dagger a_n + a_n^\dagger a \right)$$

と定義すれば，全ハミルトニアンは

$$H = H_0 + H_I$$

と書くことができる．$H_0$ は $a, a^\dagger$ が角振動数 $\Omega$ の消滅・生成演算子であることを表し，$a_n, a_n^\dagger$ が角振動数 $\omega_n$ のそれであることを表している．角振動数 $\Omega$ の振動子が励起数を $\pm 1$ 変化させるとともに，角振動数 $\omega_n$ の振動子が励起数を $\mp 1$ 変化させる確率振幅が $g_n$ で与えられる（図 2.3 参照）．

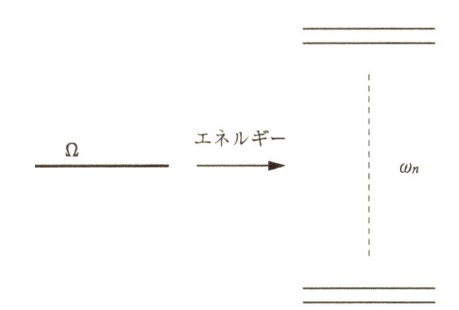

**図 2.3** エネルギー $\Omega$ のモードは不安定である．

相互作用ハミルトニアンには明解な物理的意味を与えることができる．たとえば $\Omega$ をある中間子の質量エネルギーを表すと考え，$\omega_n$ を電子－陽電子対のエネルギーを表すと考えれば，ハミルトニアン $H$ は中間子と電子－陽電子対の相互作用を表すことになる．同様に $\Omega$ はフォノン，$\omega_n$ は電子とホールのペア

を表すと考えてもよい[*2].

いま $g_n^2$ は $\Omega^2$ や $\omega_n^2$ に比べて小さいとしよう．すると Fermi（フェルミ）の黄金律から，単位時間あたりに角振動数 $\Omega$ の振動子が励起数を 1 下げる確率は，

$$w = 2\pi \sum_n g_n^2 \delta(\Omega - \omega_n)$$

で与えられる．さらに熱力学の極限をとってみよう．考えている系の体積を $V$ とすると，状態密度は $V$ に比例する．

$$\sum_n \delta(\omega - \omega_n) \stackrel{V \to \infty}{\longrightarrow} V\rho(\omega)$$

結合定数 $g_n^2$ は $V$ に逆比例すると仮定して，$\omega$ の連続関数 $g_\omega^2$（エネルギーまたは角振動数の次元をもつ）を

$$\sum_n \delta(\omega - \omega_n) g_n^2 \stackrel{V \to \infty}{\longrightarrow} g_\omega^2$$

で定義する．よって，熱力学の極限で，$\Omega$ のモードの崩壊幅は

$$w = 2\pi g_\Omega^2$$

となる．

崩壊しない安定なモードを探すには，ハミルトニアン $H$ の固有値を調べればよい．そのために複素関数

$$G(z) = \langle 0| a \frac{1}{z - H} a^\dagger |0\rangle$$

を考えよう．ここで $|0\rangle$ は調和振動子全体の基底状態を表す．

$$a|0\rangle = a_n|0\rangle = 0$$

$H|\psi\rangle = E|\psi\rangle$ となるエネルギー固有状態があって，さらに $\langle\psi| a^\dagger |0\rangle \neq 0$ ならば，それは $G(z)$ の $z = E$ における 1 位の極として現れるはずである．

$$G(z) \stackrel{z \to E}{\longrightarrow} \frac{|\langle\psi| a^\dagger |0\rangle|^2}{z - E}$$

---

[*2] 章末の補説 2 では $\omega_n$ が電子 2 個の Cooper（クーパー）対を表す場合を考え，$\Omega \to +\infty$ の極限で Cooper の模型を導いている．

## 2.2 調和振動子模型

$G(z)$ は簡単に計算できる．$H = H_0 + H_I$ より等比級数

$$\frac{1}{z-H} = \frac{1}{z-H_0} + \frac{1}{z-H_0} H_I \frac{1}{z-H_0}$$
$$+ \frac{1}{z-H_0} H_I \frac{1}{z-H_0} H_I \frac{1}{z-H_0} + \cdots$$

を得るから，

$$G(z) = \frac{1}{z-\Omega} + \frac{1}{z-\Omega}\left(\sum_n g_n^2 \frac{1}{z-\omega_n}\right)\frac{1}{z-\Omega}$$
$$+ \frac{1}{z-\Omega}\left(\sum_n g_n^2 \frac{1}{z-\omega_n}\right)\frac{1}{z-\Omega}\left(\sum_{n'} g_{n'}^2 \frac{1}{z-\omega_{n'}}\right)\frac{1}{z-\Omega} + \cdots$$
$$= \frac{1}{z-\Omega - \sum_n g_n^2 \frac{1}{z-\omega_n}}$$

となる．ここで熱力学の極限をとれば，

$$\boxed{G(z) = \frac{1}{z-\Omega - \int d\omega \frac{g_\omega^2}{z-\omega}}}$$

を得る．

計算をさらに進めるために具体的な例をひとつ考えよう．

$$g_\omega^2 = \begin{cases} g^2 & \omega_L < \omega < \omega_H \\ 0 & \text{その他} \end{cases}$$

$\omega_n$ が電子－陽電子対のエネルギーを表すときは，$\omega_L = 2m_e c^2$（$m_e$ は電子の質量，$c$ は光速）となる．$\omega_H$ は電子－陽電子対の最大エネルギーだから，最終的には無限にもっていきたい量である．

この例の場合，

$$\int d\omega \frac{g_\omega^2}{z-\omega} = g^2 \int_{\omega_L}^{\omega_H} d\omega \frac{1}{z-\omega} = g^2 \ln\frac{z-\omega_L}{z-\omega_H}$$

を得る．実軸上で $z < \omega_L$ または $z > \omega_H$ の場合，これは実になる．しかし実軸上 $\omega_L < z < \omega_H$ にカットがあり，カットの上では虚部 $-\pi g^2$，下では虚部 $\pi g^2$ をもつ．

したがって

$$G(z) = \frac{1}{z - g^2 \ln \frac{z-\omega_L}{z-\omega_H} - \Omega}$$

を得る．$z = \omega < \omega_L$ の領域でプロットすると図 2.4 のようになるから，$G(\omega)$ には $\omega = \omega_b$ の所に極がひとつだけある．ここで $\omega_b$ は

$$\omega_b - g^2 \ln \frac{\omega_L - \omega_b}{\omega_H - \omega_b} = \Omega$$

で決まる．$\omega_b$ の存在は，相互作用が引力であることを表している[*3]．

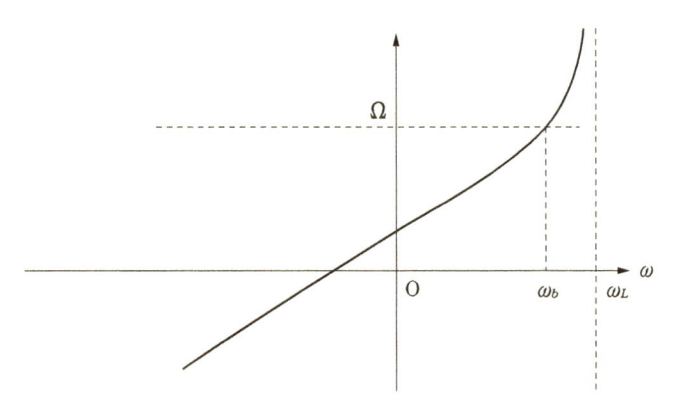

図 2.4　$\omega + g^2 \ln \frac{\omega_H - \omega}{\omega_L - \omega}$ のプロット．

さて，いよいよ $\omega_H \to \infty$ の極限を考えよう．まず任意の振動数 $\mu$ を導入して

$$\frac{1}{G(z)} = z - g^2 \ln \frac{\omega_L - z}{\mu} - \Omega + g^2 \ln \frac{\omega_H - z}{\mu}$$

と書き直す．$|z| \ll \omega_H$ であるから

$$\frac{1}{G(z)} = z - g^2 \ln \frac{\omega_L - z}{\mu} - \Omega + g^2 \ln \frac{\omega_H}{\mu}$$

である．ここで

---

[*3] $\omega > \omega_H$ の領域に $G(\omega)$ のもうひとつの極があり，これは $\omega > \Omega$ では相互作用が斥力であることを表している．

## 2.2 調和振動子模型

$$\Omega_r \equiv \lim_{\omega_H \to \infty} \left( \Omega - g^2 \ln \frac{\omega_H}{\mu} \right)$$

としよう．つまり $\Omega$ に $\omega_H$ への依存性をもたせて上の極限が存在するようにしよう．この操作を

**発散する $\omega_H$ を $\Omega$ にくりこんで有限な $\Omega_r$ を得る**

と表現する．

$\Omega$ をくりこんで得られた $G(z)$ は

$$G_r(z) = \frac{1}{z - g^2 \ln \frac{\omega_L - z}{\mu} - \Omega_r}$$

で与えられる（添え字 $r$ は renormalization の頭文字である）．この $G_r(z)$ は，$g^2, \omega_L$ のほかにふたつのパラメター $\Omega_r$ と $\mu$ に依存しているように見える．ところが $\Omega_r = \Omega_1, \mu = \mu_1$ のペアは，

$$\begin{cases} \Omega_r = \Omega_2 = \Omega_1 + g^2 \ln \frac{\mu_2}{\mu_1} \\ \mu = \mu_2 \end{cases}$$

のペアとまったく同じ $G_r(z)$ を与える．この不変性は微分方程式として

$$\left( \mu \frac{\partial}{\partial \mu} + g^2 \frac{\partial}{\partial \Omega_r} \right) G_r(z) = 0$$

と表すこともできる．同様に

$$\omega_b - g^2 \ln \frac{\omega_L - \omega_b}{\mu} = \Omega_r$$

で定義される束縛状態のエネルギー $\omega_b$ も，微分方程式

$$\left( \mu \frac{\partial}{\partial \mu} + g^2 \frac{\partial}{\partial \Omega_r} \right) \omega_b = 0$$

を満たす．

$G_r(z)$ もそしてその極である $\omega_b$ も，$\mu$ を変えたときには，$\Omega_r$ をそれにあわせて変えれば，不変に保たれる．つまり $\mu$ は独立な自由度を与えず，くりこまれて得られた理論の自由度は $g^2, \omega_L$ と $\Omega_r$ の3つである．$\Omega_r$ の $\mu$ 依存性が気になるなら，$\Omega_r$ の代わりに $\omega_b$ をパラメターとすればよい．$g^2, \omega_L, \omega_b$ は理論

を一意的に決定する．

パラメター $\Omega_r$ と振動数スケール $\mu$ を不可分のペアとしてとらえなければならないことは，くりこまれた $G_r$ の具体的な表現を見るとさらにわかりやすい．いま

$$\omega_L - \omega = \mu$$

で与えられる $\omega$ を考えると，

$$G_r(\omega) = \frac{1}{\omega - \Omega_r}$$

となる．これは固有振動数 $\Omega_r$ の調和振動子だけを考えた場合（つまり $g_n$ がすべてゼロ）の関数 $G(\omega)$ に一致する．直感に訴える言い方をすれば，$\omega_L$ より $\mu$ だけ小さい振動数 $\omega$ にとっては，この系はあたかも固有振動数 $\Omega_r$ の調和振動子に見えることになる．固有振動数 $\Omega_r$ の値は，同じ系を考えていても，$\mu$ に依存し，その依存性を定量的に与えるのが $G_r(z)$ の満たす微分方程式である．$\omega$ を逆に $\omega_L$ より $\mu$ だけ大きくとると

$$G_r(\omega + i\epsilon) = \frac{1}{\omega - \Omega_r + i\pi g^2}$$

となって，虚部がゼロでなくなるが，$1/G_r(\omega + i\epsilon)$ の実部はやはり $\omega - \Omega_r$ で与えられ，相互作用がない場合に帰着する．

## 2.3 自由場の理論

くりこみ操作のもうひとつの例として立方格子上に定義された自由場の理論を考えよう．この立方格子が連続空間を表すために必要となる操作を知りたい．この操作は次の章以降で詳しく説明する操作の雛型であり，相互作用がある格子理論の連続極限の特徴を備えている．

$D$ 次元の立方格子を考える．それぞれの格子点は整数を要素とする $D$ 次元のベクトルで表される．

$$\vec{n} = (n_1, \cdots, n_D)$$

ここで $n_i$ は周期 $N$ をもつとし，$n_i$ と $n_i + N$ は同一視する．つまり周期的境

界条件を満たす立方格子を考える.

それぞれの格子点に力学変数 $\phi_{\vec{n}} \in R$ を導入しよう．この変数は，たとえば格子点 $\vec{n}$ における原子の変位を表すかもしれないし，磁気モーメントを表すかもしれない．それぞれの点における $\phi$ は，Boltzmann の重み $e^S$ にしたがって統計的に揺らぐ．ここで $S$ は，$\hat{i}$ を $i$-方向の単位ベクトルとして

$$S = -\frac{1}{2} \sum_{\vec{n}} \left( \sum_{i=1}^{D} \left(\phi_{\vec{n}+\hat{i}} - \phi_{\vec{n}}\right)^2 + m_0^2 \phi_{\vec{n}}^2 \right)$$

で与えられるとしよう．第 1 項はとなりあった $\vec{n}$ の $\phi$ を揃える働きをし，第 2 項は $\phi$ の大きさを抑える働きをする．

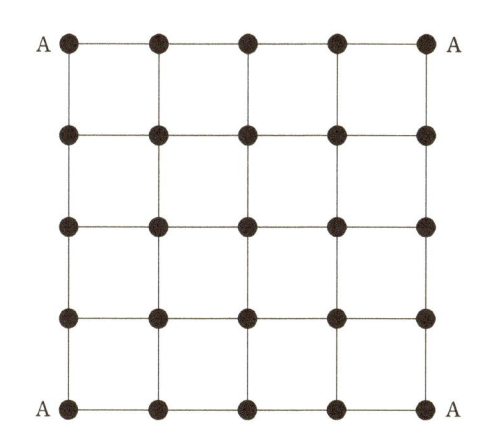

**図 2.5** $D=2, N=4$ の正方格子．4 つの A はすべて同じ点である．

分配関数は

$$Z = \left( \prod_{\vec{n}} \int_{-\infty}^{\infty} d\phi_{\vec{n}} \right) e^S$$

で与えられ，さらに 2 点相関関数（2 点関数）は

$$\langle \phi_{\vec{n}} \phi_{\vec{0}} \rangle = \frac{1}{Z} \left( \prod_{\vec{n}'} \int_{-\infty}^{\infty} d\phi_{\vec{n}'} \right) \phi_{\vec{n}} \phi_{\vec{0}} e^S$$

で定義される．以下，このふたつを計算しよう．

$S$ は平行移動のもとで不変だから，$\phi_{\vec{n}}$ を Fourier 級数に展開するのが自然である．

$$\phi_{\vec{n}} = \frac{1}{\sqrt{N^D}} \sum_{\vec{k}} e^{i\vec{k}\cdot\vec{n}} \tilde{\phi}_{\vec{k}}$$

ここで $\vec{k}$ は整数を要素とする $\vec{l}$ によって

$$\vec{k} = \frac{2\pi}{N} \vec{l}$$

と与えられる．こうすれば周期的境界条件が自動的に満たされるからである．

$$e^{i\,2\pi} = 1$$

だから，$\vec{l}$ の各要素は $0$ から $N-1$ までの範囲（または $N$ を偶数として，$-\frac{N}{2}$ から $\frac{N}{2}-1$ の範囲）をカバーすればよい．よって，異なる $\vec{k}$ の数は，$N^D$ で格子点の数と同じである．

$\tilde{\phi}_{\vec{k}}$ は一般に複素数だが，$\phi_{\vec{n}}$ が実数であるため，共役条件

$$\tilde{\phi}_{-\vec{k}} = \tilde{\phi}_{\vec{k}}^*$$

を満たさねばならない．したがって $\tilde{\phi}_{\vec{k}}$ の自由度は，$\phi_{\vec{n}}$ のそれと同じく $N^D$ である．$\phi_{\vec{n}}$ から $\tilde{\phi}_{\vec{k}}$ への変数変換に際して，積分要素は不変である．

$$\prod_{\vec{n}} d\phi_{\vec{n}} = \prod_{\vec{k}} d\tilde{\phi}_{\vec{k}}$$

さて，$\tilde{\phi}_{\vec{k}}$ を使って，Boltzmann の重みを表そう[*4]．

$$\begin{aligned}
S &= -\frac{1}{2} \sum_{\vec{n}} \left( \sum_{i=1}^{D} \left( \phi_{\vec{n}+\hat{i}} - \phi_{\vec{n}} \right)^2 + m_0^2 \phi_{\vec{n}}^2 \right) \\
&= -\frac{1}{2} \sum_{\vec{n}} \frac{1}{N^D} \sum_{\vec{k}} \sum_{\vec{k}'}
\end{aligned}$$

---

[*4] 厳密に言えば Boltzmann の重みは，$e^S$ だが，今後 $S$ も Boltzmann の重みと呼ぶことにしよう．$S$ は**作用**ともいう．

$$\times \left( \sum_{i=1}^{D} \left( \mathrm{e}^{ik_i} - 1 \right) \left( \mathrm{e}^{ik'_i} - 1 \right) + m_0^2 \right) \mathrm{e}^{i(\vec{k}+\vec{k}')\cdot\vec{n}} \tilde{\phi}_{\vec{k}} \tilde{\phi}_{\vec{k}'}$$

ここで

$$\sum_{\vec{n}} \mathrm{e}^{i\vec{k}\cdot\vec{n}} = N^D \delta_{\vec{k},\vec{0}}$$

を使って,

$$S = -\frac{1}{2} \sum_{\vec{k}} \left( \sum_{i=1}^{D} \left| \mathrm{e}^{ik_i} - 1 \right|^2 + m_0^2 \right) \left| \tilde{\phi}_{\vec{k}} \right|^2$$

$$= -\frac{1}{2} \sum_{\vec{k}} \left( \sum_{i=1}^{D} 4\sin^2 \frac{k_i}{2} + m_0^2 \right) \left| \tilde{\phi}_{\vec{k}} \right|^2$$

を得る.

よって, 分配関数は,

$$Z = \left( \prod_{\vec{k}} d\tilde{\phi}_{\vec{k}} \right) \exp \left[ -\frac{1}{2} \sum_{\vec{k}} \left( \sum_{i=1}^{D} 4\sin^2 \frac{k_i}{2} + m_0^2 \right) \left| \tilde{\phi}_{\vec{k}} \right|^2 \right]$$

と表せる. ここで Gauss 積分の公式

$$\int_{-\infty}^{\infty} dx\, \mathrm{e}^{-\frac{ax^2}{2}} = \sqrt{\frac{2\pi}{a}} \quad (a > 0)$$

を使って,

$$Z = \prod_{\vec{k}} \sqrt{\frac{2\pi}{\sum_{i=1}^{D} 4\sin^2 \frac{k_i}{2} + m_0^2}}$$

を得る. したがって, 格子点あたりの自由エネルギーは

$$-F \equiv \frac{1}{N^D} \ln Z$$
$$= -\frac{1}{N^D} \frac{1}{2} \sum_{\vec{k}} \ln \left( \frac{\sum_{i=1}^{D} 4\sin^2 \frac{k_i}{2} + m_0^2}{2\pi} \right)$$

となる. 熱力学の極限 $N \to \infty$ では

$$\frac{1}{N^D}\sum_{\vec{k}} \xrightarrow{N\to\infty} \int_{-\pi}^{\pi}\frac{d^D k}{(2\pi)^D}$$

と置き換えられるから*5,格子点あたりの自由エネルギーは

$$-F = -\frac{1}{2}\int_{-\pi}^{\pi}\frac{d^D k}{(2\pi)^D}\ln\left(\frac{\sum_{i=1}^{D} 4\sin^2\frac{k_i}{2}+m_0^2}{2\pi}\right)$$

となる.

つぎに2点相関関数を求めよう.

$$\phi_{\vec{n}}\,\phi_{\vec{0}} = \frac{1}{N^D}\sum_{\vec{k}}\sum_{\vec{k}'} e^{i\vec{k}\cdot\vec{n}}\,\tilde{\phi}_{\vec{k}}\,\tilde{\phi}_{\vec{k}'}$$

である. ここで

$$\left\langle \tilde{\phi}_{\vec{k}}\tilde{\phi}_{\vec{k}'}\right\rangle \equiv \frac{1}{Z}\int \left(\prod_{\vec{k}'} d\tilde{\phi}_{\vec{k}'}\right)\tilde{\phi}_{\vec{k}}\tilde{\phi}_{\vec{k}'}\,e^S$$
$$= \delta_{\vec{k}+\vec{k}',\vec{0}}\,\frac{1}{Z}\int \left(\prod_{\vec{k}'} d\tilde{\phi}_{\vec{k}'}\right)\left|\tilde{\phi}_{\vec{k}}\right|^2 e^S$$

および Gauss 積分の公式

$$\int_{-\infty}^{\infty} dx\, x^2 e^{-\frac{ax^2}{2}} = \frac{1}{a}\sqrt{\frac{2\pi}{a}} \quad (a>0)$$

を使うと,

$$\left\langle \tilde{\phi}_{\vec{k}}\tilde{\phi}_{-\vec{k}}\right\rangle = \frac{1}{\sum_{i=1}^{D} 4\sin^2\frac{k_i}{2}+m_0^2}$$

を得る.したがって2点関数は

$$\left\langle \phi_{\vec{n}}\,\phi_{\vec{0}}\right\rangle = \frac{1}{N^D}\sum_{\vec{k}} e^{i\vec{k}\cdot\vec{n}}\frac{1}{\sum_{i=1}^{D} 4\sin^2\frac{k_i}{2}+m_0^2}$$

となる.よって熱力学の極限では,

---

*5 となりあう $k_i$ の間隔は $\frac{2\pi}{N}$ だから,$\Delta k_i$ の微小間隔には $\Delta k_i/\left(\frac{2\pi}{N}\right)$ の波数がある.

$$\langle \phi_{\vec{n}} \phi_{\vec{0}} \rangle = \int_{-\pi}^{\pi} \frac{d^D k}{(2\pi)^D} \frac{e^{i\vec{k}\cdot\vec{n}}}{\sum_{i=1}^{D} 4\sin^2 \frac{k_i}{2} + m_0^2}$$

である.

こうして得られた2点関数を使って，どうしたら連続空間上の関数が得られるだろうか？ 連続空間の極限では，格子間隔はゼロに近づくはずである．したがって連続空間の極限では，どんな有限間隔も無限の格子間隔を含んでいるはずである．そこで，いま $|\vec{n}| \gg 1$ である $\vec{n}$ を考えて，

$$\vec{n} = \mu \vec{r} e^t$$

と表そう．ここで $\mu \vec{r}$ は1のオーダーのベクトルとし，$t \gg 1$ とすれば $|\vec{n}| \gg 1$ となる．$\vec{r}$ はほぼ連続な空間座標を与えることに注意しよう．$\vec{n}$ が格子間隔だけずれることは，$\vec{r}$ が $\frac{1}{\mu} e^{-t}$ だけずれることを意味するからである．$t \to \infty$ の極限では，$\vec{r}$ は連続座標になる.

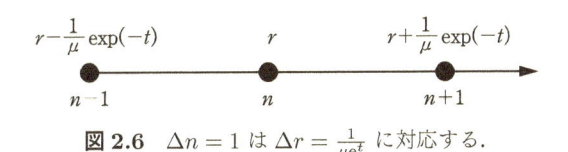

**図 2.6** $\Delta n = 1$ は $\Delta r = \frac{1}{\mu e^t}$ に対応する．

さて，$|\vec{n}| \gg 1$ の場合に2点関数を考えよう．$\vec{k}$ の大きさが1のオーダーであると，被積分関数は大きく振動して積分には寄与しない．したがって積分に寄与するのは $e^{-t}$ の大きさの $\vec{k}$ のみである．したがって2点関数は，

$$\langle \phi_{\vec{n}} \phi_{\vec{0}} \rangle = \int_{-\pi}^{\pi} \frac{d^D k}{(2\pi)^D} \frac{e^{i\vec{k}\cdot\vec{n}}}{\vec{k}^2 + m_0^2}$$

と置き換えることができる．よって $\vec{n} = \mu \vec{r} e^t$ を代入して，

$$\langle \phi_{\mu \vec{r} e^t} \phi_{\vec{0}} \rangle = \int_{-\pi}^{\pi} \frac{d^D k}{(2\pi)^D} \frac{e^{i\vec{k}\mu e^t \cdot \vec{r}}}{\vec{k}^2 + m_0^2}$$

を得る．積分変数を新しく

$$\vec{p} \equiv \mu e^t \vec{k}$$

とすると 2 点関数は

$$\left\langle \phi_{\mu\vec{r}\mathrm{e}^t}\,\phi_{\vec{0}} \right\rangle = \mu^{-D}\mathrm{e}^{-Dt} \int_{-\mu\mathrm{e}^t\pi}^{\mu\mathrm{e}^t\pi} \frac{d^D p}{(2\pi)^D} \frac{\mathrm{e}^{i\vec{p}\cdot\vec{r}}}{\mu^{-2}\mathrm{e}^{-2t}\vec{p}^{\,2} + m_0^2}$$

$$= \mu^{-D+2}\mathrm{e}^{-(D-2)t} \int_{-\mu\mathrm{e}^t\pi}^{\mu\mathrm{e}^t\pi} \frac{d^D p}{(2\pi)^D} \frac{\mathrm{e}^{i\vec{p}\cdot\vec{r}}}{\vec{p}^{\,2} + m_0^2 \mu^2 \mathrm{e}^{2t}}$$

と表せる.

連続空間上での 2 点関数を定義するには, まずパラメター $m_0^2$ を

$$m_0^2 = \frac{M^2}{\mu^2} \mathrm{e}^{-2t} \xrightarrow{t\to+\infty} 0$$

となるように選んで,

$$\left\langle \phi(\vec{r})\phi(\vec{0}) \right\rangle \equiv \mu^{D-2} \lim_{t\to+\infty} \mathrm{e}^{(D-2)t} \left\langle \phi_{\mu\vec{r}\mathrm{e}^t}\,\phi_{\vec{0}} \right\rangle$$

$$= \int_{-\infty}^{\infty} \frac{d^D p}{(2\pi)^D} \frac{\mathrm{e}^{i\vec{p}\cdot\vec{r}}}{\vec{p}^{\,2} + M^2}$$

と定義すればよい. こうして定義された 2 点関数は連続座標 $\vec{r}$ の関数であり, 微分方程式

$$\left( -\sum_{i=1}^{D} \frac{\partial^2}{\partial r_i^2} + M^2 \right) \left\langle \phi(\vec{r})\phi(\vec{0}) \right\rangle = \delta^{(D)}(\vec{r})$$

を満たしている. これは質量 $M$ のスカラー場が満たす方程式である. ただし時間がユークリッド化されている[*6]ので, $(D-1)+1$ 次元の Minkowski（ミンコフスキー）空間上のスカラー場ではなくて, $D$ 次元 Euclid（ユークリッド）空間上のスカラー場になっている.

2 点関数の連続極限は, よく知られた特殊関数で表すことができる.

$$\left\langle \phi(\vec{r})\phi(\vec{0}) \right\rangle = \frac{1}{(2\pi)^{\frac{D}{2}}} \left( \frac{M}{r} \right)^{\frac{D-2}{2}} K_{\frac{D-2}{2}}(Mr)$$

---

[*6] $D$ 次元 Euclid 空間は座標 $(x_1,\cdots,x_D)$ で表され, 原点からの距離の 2 乗 $x_1{}^2 + \cdots + x_D{}^2$ は回転のもとで不変である. 一方, $(D-1)+1$ 次元 Minkowski 空間は座標 $(x_0, x_1, \cdots, x_{D-1})$ で表され, 原点からの距離の 2 乗 $x_0{}^2 - (x_1{}^2 + \cdots + x_{D-1}{}^2)$ は Lorentz 変換のもとで不変である. Minkowski 空間と Euclid 空間をつなぐ Wick（ウィック）回転については, 補説 3 を参照.

ここで $K$ は第 2 種変形 Bessel（ベッセル）関数とよばれる特殊関数で,

$$K_{\frac{D-2}{2}}(x) \longrightarrow \begin{cases} \dfrac{\Gamma\left(\frac{D-2}{2}\right)}{2}\left(\dfrac{2}{x}\right)^{\frac{D-2}{2}} & (x \to 0) \\ \sqrt{\dfrac{2}{\pi}}\dfrac{1}{\sqrt{x}}\mathrm{e}^{-x} & (x \to \infty) \end{cases}$$

という漸近的な振る舞いをもつ．したがって，$Mr \gg 1$ のとき

$$\left\langle \phi(\vec{r})\phi(\vec{0}) \right\rangle \sim \mathrm{e}^{-Mr}$$

となる．これは距離が $\frac{1}{M}$ 倍に増えると，相関が $\mathrm{e}^{-1}$ 倍になることを表している．この距離のことを**相関長**とよぶ．相関長に $2\pi$ をかけた

$$\lambda = 2\pi \frac{1}{M} = \frac{hc}{M}$$

は粒子の Compton 波長ともよばれる．

いままでの計算結果をまとめると，次の 3 つのことが結論できる．

1. 連続空間上の座標 $\vec{r}$ と格子上の整数ベクトルとの間には，つぎの対応関係がある．

$$\vec{n} = \vec{r}\mu\mathrm{e}^t \overset{t\to\infty}{\longrightarrow} \infty$$

2. 格子上の模型のパラメター $m_0^2$ はゼロの極限をとる．

$$m_0^2 = \frac{M^2}{\mu^2 \mathrm{e}^{2t}} \overset{t\to\infty}{\longrightarrow} 0$$

3. 連続空間上のスカラー場 $\phi(\vec{r})$（質量次元 $\frac{D-2}{2}$）と格子上の変数 $\phi_{\vec{n}}$（無次元）との間には，つぎの関係がある．

$$\phi(\vec{r}) = \left(\mu\mathrm{e}^t\right)^{\frac{D-2}{2}} \phi_{\vec{n}}$$

相互作用のある場合も，基本的に同じ操作によって，連続空間上の理論として定義することができる．1. はまったく変更を受けない．2. と 3. は $\mathrm{e}^t$ の冪が理論の種類に応じて変更を受けるだけである．

自由場の理論をすでに学んだ人は，なぜ自由場の理論にくりこみが必要か，すぐに納得できないかもしれない．実際，第 5 章で導入する運動量カットオフの記法を使うと，自由場の理論にくりこみは不要である．この本で主に使う格子理論の枠組みでは，上で説明したように自由場の理論にさえくりこみが必要となるが，相互作用があってもくりこみの操作は基本的に同じなので，むしろくりこみを理解するには，格子理論を使ったほうが便利である．

# 第 2 章 補説

## ◆補説 1: Green 関数

調和振動子の例で Green（グリーン）関数を考えた（20 頁）が，量子力学を学んでいる人の中にも，なじみのない人が多いかもしれない．Green 関数は，量子場の理論でもっぱら関心の対象になるものだが，非相対論的な量子力学でも非常に便利である．

いまハミルトニアンを $H$ とする量子系を考えよう．Green 関数は

$$G(t) \equiv \theta(t)\,\mathrm{e}^{-iHt}$$

で定義される．この Fourier（フーリエ）変換は，

$$\begin{aligned}G(\omega) &\equiv \frac{1}{i}\int_{-\infty}^{\infty} dt\,\mathrm{e}^{i\omega t} G(t) \\ &= \frac{1}{i}\int_{0}^{\infty} dt\,\mathrm{e}^{i(\omega-H)t} = \frac{1}{\omega + i\epsilon - H}\end{aligned}$$

で与えられる．$\omega + i\epsilon$ を複素変数 $z$ で置き換えて，

$$G(z) = \frac{1}{z - H}$$

を得る．

任意の状態ベクトル $|\psi\rangle$ を考える．規格化されているとする．

$$\langle \psi | \psi \rangle = 1$$

この状態で $G(z)$ の期待値をとると，

$$G_{\psi}(z) \equiv \langle\psi|\,G(z)\,|\psi\rangle = \langle\psi|\,\frac{1}{z-H}\,|\psi\rangle$$

を得る．これは複素共役のもとで

$$G_\psi(z^*) = \{G_\psi(z)\}^*$$

となる．

ここで $H$ は離散的な固有値 $E_i\,(i=1,\cdots,N)$ と $\omega_L$ 以上の連続的な固有値をもっているとしよう．ただし

$$E_i < \omega_L$$

である．すると複素関数 $G_\psi(z)$ は $z = E_i$ で 1 位の極をもち，実軸上 $z > \omega_L$ にカットをもつことになる．したがって

$$G_\psi(z) = \sum_{i=1}^{N} \frac{r_i}{z - E_i} + \int_{\omega_L}^{\infty} \frac{d\omega}{\pi} \rho(\omega) \frac{1}{z - \omega}$$

と表すことができる．これを**分散公式**という．ただし $G_\psi(z^*) = G_\psi(z)^*$ より，$r_i$ と $\rho(\omega)$ は実数でなければならない．実際，$E_i$ の規格化された固有状態を $|E_i\rangle$ と表すと，

$$r_i = |\langle E_i \mid \psi \rangle|^2$$

だから，$r_i \geq 0$ である．同様に $\rho(\omega) \geq 0$ である．

ここで $G_\psi(z)$ の $z \to \infty$ での漸近形を考えよう．$|\psi\rangle$ は規格化されているから，

$$G_\psi(z) \xrightarrow{z \to \infty} \frac{1}{z} \langle \psi \mid \psi \rangle = \frac{1}{z}$$

となる．したがって分散公式より，**総和則**

$$\sum_{i=1}^{N} r_i + \int_{\omega_L}^{\infty} \frac{d\omega}{\pi} \rho(\omega) = 1$$

を得る．

つぎに複素解析の重要な公式

$$\frac{1}{\omega + i\epsilon - \omega'} = \mathbf{P}\frac{1}{\omega - \omega'} - i\pi\delta(\omega - \omega')$$

を思い出そう．ここで $\mathbf{P}$ は主値を表す．よって $z = \omega + i\epsilon\,(\omega > \omega_L)$ のとき，

$$\Re G_\psi(\omega + i\epsilon) + i\Im G_\psi(\omega + i\epsilon)$$

$$= \left\{ \sum_{i=1}^{N} \frac{r_i}{\omega - E_i} + \int_{\omega_L}^{\infty} \frac{d\omega'}{\pi} \mathbf{P} \frac{1}{\omega - \omega'} \rho(\omega') \right\} - i\rho(\omega)$$

を得る.したがって

$$\rho(\omega) = -\Im G_\psi(\omega + i\epsilon)$$

である.

さて,第 2.2 節の最後で,くりこみによって得た Green 関数

$$G_r(z) = \frac{1}{z - g^2 \ln \frac{\omega_L - z}{\mu} - \Omega_r}$$

を考えよう.$z = \omega + i\epsilon\,(\omega > \omega_L)$ ととると

$$G_r(\omega + i\epsilon) = \frac{1}{\omega - g^2 \ln \frac{\omega - \omega_L}{\mu} + i\pi g^2 - \Omega_r}$$

だから,

$$\rho(\omega) = \frac{\pi g^2}{\left(\omega - \Omega_r - g^2 \ln \frac{\omega - \omega_L}{\mu}\right)^2 + \pi^2 g^4}$$

を得る.したがって

$$G_r(z) = \frac{r}{z - \omega_b} + \int_{\omega_L}^{\infty} \frac{d\omega}{\pi} \frac{1}{z - \omega} \rho(\omega)$$

となる.ただし $|\omega_b\rangle$ を束縛状態として

$$r = |\langle 0| a |\omega_b\rangle|^2$$

である.$r$ と $\rho(\omega)$ は総和則

$$r + \int_{\omega_L}^{\infty} \frac{d\omega}{\pi} \rho(\omega) = 1$$

を満たす.$r \ll 1$ のときは,近似的に

$$\int_{\omega_L}^{\infty} \frac{d\omega}{\pi} \rho(\omega) = 1$$

が成り立つ.

$\rho(\omega)$ が最大になる $\omega$ の値を $\Omega_{\mathrm{ph}}$ と書くことにすると,

$$\Omega_{\rm ph} - \Omega_r - g^2 \ln \frac{\Omega_{\rm ph} - \omega_L}{\mu} = 0$$

である．束縛エネルギー $\omega_b$ と同様に $\Omega_{\rm ph}$ も

$$\left( \mu \frac{\partial}{\partial \mu} + g^2 \frac{\partial}{\partial \Omega_r} \right) \Omega_{\rm ph} = 0$$

を満たす．例として,

$$\begin{cases} \Omega_r/\mu &= 1 \\ g^2/\mu &= 0.01 \\ \omega_L/\mu &= 0.1 \end{cases}$$

の場合に $\frac{\mu \rho(\omega)}{\pi}$ をプロットすると図 2.7 のようになる．半値幅は

$$\frac{w}{2} \simeq \pi g^2 \simeq 0.03\,\mu$$

で与えられている．束縛状態の係数 $r$ は非常に小さく，総和則は

$$\int_{\omega_L}^{\infty} \frac{d\omega}{\pi} \rho(\omega) \simeq 1$$

となる．

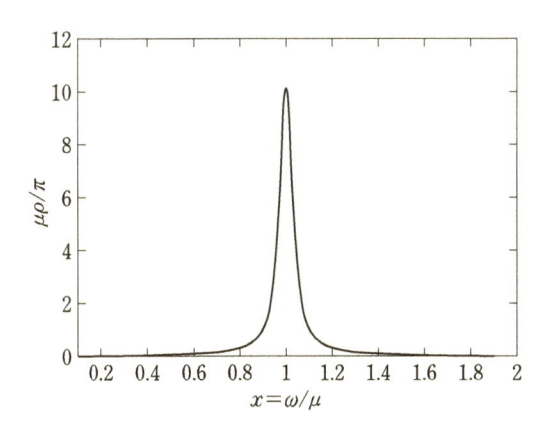

**図 2.7** 横軸は $x \equiv \frac{\omega}{\mu}$, 縦軸は $\frac{\mu \rho(\omega)}{\pi}$ を表す．相互作用のせいで角振動数 $\Omega_r$ の振動子は不安定になる．古典的には減衰振動子を表す．

## ◆補説 2: Cooper の模型

調和振動子模型の極限として，よく知られている Cooper の模型を得ることができる．もともとのハミルトニアン

$$H = \Omega a^\dagger a + \sum_n \omega_n a_n^\dagger a_n - \sum_n g_n \left( a^\dagger a_n + a_n^\dagger a \right)$$

で $\omega_n$ は波数およびスピンの合計がゼロであるような電子対（Cooper 対）を表すと考える．

束縛状態の振動数 $\omega_b$ を求めるために複素関数

$$\langle 0 | a \frac{1}{z-H} a^\dagger | 0 \rangle = \frac{1}{z - \Omega - \sum_n g_n^2 \frac{1}{z - \omega_n}}$$

を考えたことを思い出そう．いま，

$$g_n^2 = \bar{g}^2 \, \Omega$$

として，$\Omega \to +\infty$ の極限を考えると，

$$\lim_{\Omega \to +\infty} \Omega \cdot \langle 0 | a \frac{1}{z-H} a^\dagger | 0 \rangle = \frac{1}{-1 - \sum_n \bar{g}^2 \frac{1}{z - \omega_n}}$$

を得る．ここで有限な極限を得るために全体に $\Omega$ をかけたが，重要なのは $G(z)$ の極であり，極の位置はこの関数を定数倍しても変わらない．よって束縛状態の振動数は

$$-1 - \sum_n \bar{g}^2 \frac{1}{\omega_b - \omega_n} = 0$$

を解いて得られる．

これは $\Omega \to \infty$ の極限で得られるハミルトニアンが，

$$\boxed{\bar{H} = \sum_n \omega_n a_n^\dagger a_n - \bar{g}^2 \sum_{n,n'} a_n^\dagger a_{n'}}$$

で与えられることを意味している．実際，束縛状態を

$$|\psi\rangle = \sum_n c_n a_n^\dagger |0\rangle$$

とすると

$$\bar{H}\,|\psi\rangle = \sum_n c_n \left( \omega_n a_n^\dagger - \bar{g}^2 \sum_{n'} a_{n'}^\dagger \right) |0\rangle$$

$$= \sum_n \left( c_n \omega_n - \bar{g}^2 \sum_{n'} c_{n'} \right) a_n^\dagger |0\rangle$$

となって，$\bar{H}\,|\psi\rangle = \omega_b\,|\psi\rangle$ は

$$c_n \omega_n - \bar{g}^2 \sum_{n'} c_{n'} = \omega_b c_n$$

を与える．よって

$$-\bar{g}^2 \sum_{n'} c_{n'} = (\omega_b - \omega_n) c_n$$

これより

$$c_n = -\frac{1}{\omega_b - \omega_n} \bar{g}^2 \sum_{n'} c_{n'}$$

だから，これを $n$ について和をとって

$$\sum_n c_n = -\sum_n \frac{\bar{g}^2}{\omega_b - \omega_n} \cdot \sum_{n'} c_{n'}$$

を得る．これがゼロでないと仮定すれば，

$$1 = -\sum_n \frac{\bar{g}^2}{\omega_b - \omega_n}$$

となって，$\Omega \to +\infty$ の極限で得られた式と同じ式が得られる．

熱力学の極限をとり，

$$\lim_{V \to +\infty} \sum_n \bar{g}^2 \delta(\omega_n - \omega) = \bar{G}_\omega^2$$

とすると，束縛状態のエネルギーを与える式は

$$1 = \int d\omega\, \bar{G}_\omega^2 \frac{1}{\omega - \omega_b}$$

となる．Cooper の模型を得るには，$\bar{G}_\omega^2$ は $0 < \omega < \Theta_D$（Debye［デバイ］温度）のみでゼロでなく，Fermi 面での状態数密度 $N_0$ に比例した定数 $|F|N_0 \ll 1$ であるとすればよい．よって $\omega_b$ を決める式は，

となる．これを解いて，Cooper 対の束縛エネルギー

$$-\omega_b = \frac{\Theta_D}{e^{\frac{1}{|F|N_0}} - 1} \simeq \Theta_D\, e^{-\frac{1}{|F|N_0}} \ll \Theta_D$$

を得る．

$$1 = |F|N_0 \ln\frac{\Theta_D - \omega_b}{-\omega_b}$$

### ◆補説 3： Wick 回転

立方格子上に定義された模型の連続極限をとると，Euclid 空間上で定義された場の相関関数が得られる．これから Minkowski 空間上の相関関数を得るには，空間座標のひとつを虚数にして，時間座標を得る必要がある．いま，Euclid 空間の座標を

$$\vec{x} = (x_1, \cdots, x_D)$$

としよう．質量 $M$ の自由場の 2 点相関関数は，p. 30 で見たように

$$\Delta(\vec{x}) \equiv \int \frac{d^D p}{(2\pi)^D} \frac{e^{i\vec{p}\cdot\vec{x}}}{\vec{p}^2 + M^2}$$

で与えられる．$x_D$ の位相を $e^{i\theta}$ だけ変えていくと，$\theta \to \frac{\pi}{2}$ で Minkowski 空間上の伝搬関数（プロパゲーター）

$$\Delta_F(x) = \int \frac{d^D p}{(2\pi)^D} \frac{i\,e^{-ip\cdot x}}{p^2 - M^2 + i\epsilon}$$

が得られることを示そう．ただし $x_D$ は時間座標となって，

$$\begin{cases} p\cdot x \equiv p_0 x_D - \sum_{i=1}^{D-1} p_i x_i \\ p^2 \equiv p_0^2 - \sum_{i=1}^{D-1} p_i^2 \end{cases}$$

で与えられる．

この結果を導くために，まず積分

$$f(x) \equiv \int_{-\infty}^{\infty} \frac{d\omega}{2\pi} \frac{e^{i\omega x}}{\omega^2 + M^2}$$

を考えよう．被積分関数 $\frac{1}{\omega^2 + M^2}$ は $\omega$ の複素平面上，$\omega = \pm iM$ に 1 位の極をもっている．

$x$ を $xe^{i\theta}$ と回転するにつれて，積分変数 $\omega$ は $\omega e^{-i\theta}\,(\omega \in R)$ に回転しなければな

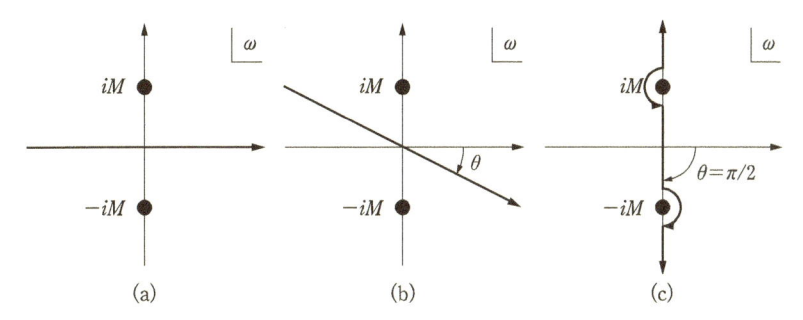

**図 2.8** $x$ を $xe^{i\theta}$ に回転するにつれて，積分変数 $\omega$ は $\omega e^{-i\theta}$ に回転しなければならない．積分路は，(a) から (c) のように変わる．

らない．そうしないと $x > 0$ の場合，$\exp(i\omega x e^{i\theta})$ は $\omega \to -\infty$ で発散してしまう ($x < 0$ の場合は $\omega \to +\infty$ で発散する)．したがって

$$f(x\,e^{i\theta}) = \int_{-\infty}^{\infty} e^{-i\theta} \frac{d\omega}{2\pi} \frac{e^{i\omega x}}{\omega^2 e^{-2i\theta} + M^2}$$

を得る．よって $\theta \to \frac{\pi}{2}$ の極限では，

$$f(ix) = \int_{-\infty}^{\infty} \frac{1}{i} \frac{d\omega}{2\pi} \frac{e^{i\omega x}}{-\omega^2 + M^2 - i\epsilon} = \int_{-\infty}^{\infty} \frac{d\omega}{2\pi} \frac{i\,e^{-i\omega x}}{\omega^2 - M^2 + i\epsilon}$$

となる．ここで分母の $i\epsilon$ は積分路を図 2.8 の (c) のようにするために必要である．

この結果を

$$\Delta(\vec{x}) = \int \frac{d^{D-1}p}{(2\pi)^{D-1}} \exp\left(i \sum_{i=1}^{D-1} p_i x_i\right) \int \frac{dp_D}{2\pi} \frac{e^{ip_D x_D}}{p_D^2 + \sum_{i=1}^{D-1} p_i^2 + M^2}$$

に応用すると，

$$\Delta_F(x_1, \cdots, x_{D-1}, x_0) \equiv \Delta(x_1, \cdots, x_{D-1}, ix_0)$$
$$= \int \frac{d^{D-1}p}{(2\pi)^{D-1}} \exp\left(i \sum_{i=1}^{D-1} p_i x_i\right) \int \frac{dp_0}{2\pi} \frac{i\,e^{-ip_0 x_0}}{p_0^2 - \sum_{i=1}^{D-1} p_i^2 - M^2 + i\epsilon}$$
$$= \int \frac{d^D p}{(2\pi)^D} \frac{i\,e^{-ip\cdot x}}{p^2 - M^2 + i\epsilon}$$

を得る．

## 【まとめ】——第 2 章

### ■ 1. 調和振動子模型

$$H = \Omega\, a^\dagger a + \sum_n \omega_n a_n^\dagger a_n - \sum_n g_n \left(a_n^\dagger a + a^\dagger a_n\right)$$

熱力学極限で

$$g_\omega^2 \equiv \lim_{V\to\infty} \sum_n g_n^2 \delta(\omega - \omega_n)$$

として,

$$G(z) \equiv \langle 0 | a \frac{1}{z-H} a^\dagger | 0 \rangle = \frac{1}{z - \Omega - \int d\omega\, \frac{g_\omega^2}{z-\omega}}$$

特に,

$$g_\omega^2 = \begin{cases} g^2 & \omega_L < \omega < \omega_H \\ 0 & \text{その他} \end{cases}$$

のとき

$$\Omega = g^2 \ln \frac{\omega_H}{\mu} + \Omega_r$$

とくりこめば, $\omega_H \to \infty$ の極限で $G(z)$ は

$$G_r(z) = \frac{1}{z - g^2 \ln \frac{\omega_L - z}{\mu} - \Omega_r}$$

となる. くりこまれた $G_r(z)$ は微分方程式

$$\left(-\mu \partial_\mu - g^2 \partial_{\Omega_r}\right) G_r(z) = 0$$

を満たす. $\Omega_r$ は質量（振動数）スケール $\mu$ で定義されたパラメターと考えることができる.

## ■ 2. 自由場の格子理論

$$S = -\frac{1}{2}\sum_{\vec{n}}\left[\sum_{i=1}^{D}\left(\phi_{\vec{n}+\hat{i}} - \phi_{\vec{n}}\right)^2 + m_0^2\,\phi_{\vec{n}}^2\right]$$

2点相関関数は,

$$\begin{aligned}\left\langle \phi_{\vec{n}}\phi_{\vec{0}} \right\rangle_S &\equiv \frac{1}{Z}\left(\prod_{\vec{n}'}\int d\phi_{\vec{n}'}\right)\cdot \phi_{\vec{n}}\phi_{\vec{0}}\,\mathrm{e}^S \\ &= \int_{-\pi}^{\pi}\frac{d^D k}{(2\pi)^D}\frac{\mathrm{e}^{i\vec{k}\cdot\vec{n}}}{\sum_{i=1}^{D}4\sin^2\frac{k_i}{2} + m_0^2}\end{aligned}$$

$m_0^2 = 0$ で理論の相関長は無限大になる.

連続空間上の2点関数は,

$$m_0^2 = \mathrm{e}^{-2t}\frac{M^2}{\mu^2}\xrightarrow{t\to+\infty} 0$$

として

$$\begin{aligned}\left\langle \phi(\vec{r})\phi(\vec{0})\right\rangle &\equiv \mu^{D-2}\lim_{t\to+\infty}\mathrm{e}^{(D-2)t}\left\langle \phi_{\vec{r}\mu\mathrm{e}^t}\phi_{\vec{0}}\right\rangle_S \\ &= \int \frac{d^D p}{(2\pi)^D}\frac{\mathrm{e}^{i\vec{p}\cdot\vec{r}}}{\vec{p}^{\,2} + M^2}\end{aligned}$$

と定義できる.

# 第3章
# 3次元 Ising 模型

3次元 Ising 模型は臨界現象を示す典型的な例である．

# 第3章 3次元 Ising 模型

この章では臨界現象の典型的な例として，3次元立方格子上の Ising 模型について説明する．なぜ臨界現象が連続極限に関係があるかは，次章で説明しよう．

## 3.1 3次元 Ising 模型

3次元の立方格子を考えよう．それぞれの格子点は3次元の整数ベクトルで与えられる．

$$\vec{n} = (n_1, n_2, n_3)$$

Ising 模型のスピン変数は，それぞれの格子点上で

$$\sigma_{\vec{n}} = \pm 1$$

の値をとる．Ising 模型は強磁性を説明するために Ising の指導教員であった Lenz（レンツ）によって導入された古典的な模型で，これを使って格子点上にある磁気モーメントの協力現象[*1]を調べることができる．

Boltzmann の重みは $K$ を正の定数として

$$S = K \sum_{\vec{n}} \sum_{i=1}^{3} \sigma_{\vec{n}+\hat{i}} \sigma_{\vec{n}} + H_e \sum_{\vec{n}} \sigma_{\vec{n}}$$

で与えられる．ここで $H_e$ は外磁場を表している．分配関数を

$$Z(K, H_e) \equiv \prod_{\vec{n}} \left( \sum_{\sigma_{\vec{n}} = \pm 1} \right) e^S$$

として，$N$ 点相関関数を

$$\langle \sigma_{\vec{n}_1} \cdots \sigma_{\vec{n}_N} \rangle_{K, H_e} \equiv \frac{1}{Z(K, H_e)} \prod_{\vec{n}} \left( \sum_{\sigma_{\vec{n}} = \pm 1} \right) \sigma_{\vec{n}_1} \cdots \sigma_{\vec{n}_N} e^S$$

で定義する．つまり，すべての格子点で，$\sigma_{\vec{n}} = \pm 1$ というふたつの状態について和をとらねばならない．

格子点 $\vec{n}$ にあるスピンと，そのとなりの格子点 $\vec{n}+\hat{i}$ にあるスピンが揃うと

---

[*1] 近接した磁気モーメントの間にしか相互作用がなくても，それが積み重なって長い距離にわたって磁気モーメントの間に相関が現れるような現象を協力現象とよぶ．

$$\sigma_{\vec{n}}\sigma_{\vec{n}+\hat{i}} = 1$$

になる．したがって $K$ が大きいと，スピンが揃ったほうが重み $S$ が大きくなる．つまり，大きい $K$ は低温に対応する．逆に $K$ が小さいと，スピンが揃っても不揃いでも $S$ はあまり変わらず，エントロピーの高い状態が実現される．これは高温に対応する．

いま，スピン変数の $Z_2$ 変換を

$$Z_2: \quad (\forall \vec{n}) \quad \sigma_{\vec{n}} \to -\sigma_{\vec{n}}$$

で定義しよう．$H_e = 0$ の場合，$S$ はこの $Z_2$ 変換のもとで不変である．スピン変数の期待値 $\langle\sigma\rangle_{K,0}$ は，$K$ の関数として決まり，格子点にはよらない．高温では，$\langle\sigma\rangle_{K,0} = 0$ であるが，低温では，$\langle\sigma\rangle_{K,0} \neq 0$ であることが予想される．期待値がプラスの状態とマイナスの状態は $Z_2$ 変換で結ばれ，低温ではそのどちらかだけが実現されるということから，

$Z_2$ **対称性は自発的に破れている**

という．さらに，この現象を対称性の**自発的破れ**とよぶ．

## 3.2 平均場近似

$\langle\sigma\rangle_{K,H_e}$ は，平均場近似を使って求めることができる．記法を簡単にするために，平均値を $v$ と表そう．

いま，ひとつの $\sigma_{\vec{n}}$ に着目し，それと相互作用する 6 個のスピンをすべて平均値 $v$ で置き換える．着目したスピン $\sigma_{\vec{n}}$ に関していえば，Boltzmann の重みは

$$S = (6Kv + H_e)\sigma_{\vec{n}}$$

で与えられる．したがって

$$\langle\sigma_{\vec{n}}\rangle_{K,H_e} = \frac{e^{6Kv+H_e} - e^{-6Kv-H_e}}{e^{6Kv+H_e} + e^{-6Kv-H_e}} = \tanh(6Kv + H_e)$$

を得る．つじつまを合わせるには，これが $v$ と等しくなければならないから，

$$v = \tanh(6Kv + H_e)$$

を得る.したがって,$H_e = 0$ のとき,**自発磁化**があるためには(つまり,$v \neq 0$ であるためには),

$$K > K_\mathrm{cr} \equiv \frac{1}{6}$$

でなければならないことがわかる(図 3.1).この $K_\mathrm{cr}$ のことを**臨界点**とよぶ.

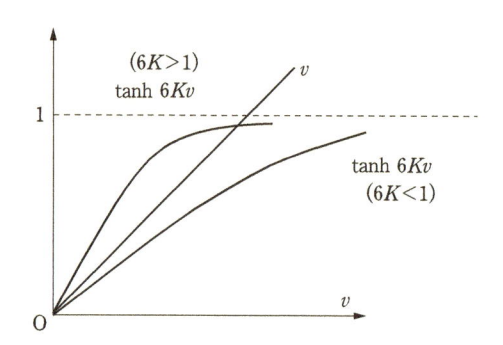

**図 3.1** $H_e = 0$ の場合,$v \neq 0$ となるには,$6K > 1$ でなければならない.

$K$ が少しだけ臨界点 $K_\mathrm{cr}$ より大きいときは,$|v| \ll 1$ として

$$v \simeq 6Kv - \frac{1}{3}(6Kv)^3 \simeq 6Kv - \frac{1}{3}v^3$$

より

$$v \simeq \pm\sqrt{3(6K-1)} \propto (K - K_\mathrm{cr})^{\frac{1}{2}}$$

を得る.

自発磁化のない $K < K_\mathrm{cr}$ でも,弱い外磁場がかかっている場合は,$v$ が小さいとして,

$$v \simeq 6Kv + H_e$$

が得られる.よって磁化は

$$v \simeq \frac{H_e}{1 - 6K} = \frac{H_e}{6(K_\mathrm{cr} - K)}$$

となる．これより磁化率

$$\chi(K) \equiv \left(\frac{\partial v}{\partial H_e}\right)_K \bigg|_{H_e=0} = \frac{1}{6(K_{\mathrm{cr}} - K)}$$

を得ることができる．磁化率は $K \to K_{\mathrm{cr}} - 0$ で発散する．

## 3.3 臨界現象

これ以降，章末まで，外磁場がゼロと仮定した Ising 模型を考える．この仮定のもとでは，スピン変数の相関関数は，$K$ のみの関数になるから，$H_e = 0$ と書くのは省略して

$$\langle \sigma_{\vec{n}_1} \cdots \sigma_{\vec{n}_N} \rangle_K$$

と書くことにする．

前節で見た平均場近似は定性的には正しい結果を与え，一般に，ある臨界点 $K_{\mathrm{cr}}$ をはさんで，

- $K > K_{\mathrm{cr}}$ では $Z_2$ 対称性が自発的に破れる
- $K < K_{\mathrm{cr}}$ では $Z_2$ 対称性がある

ことが知られている（図 3.2）．

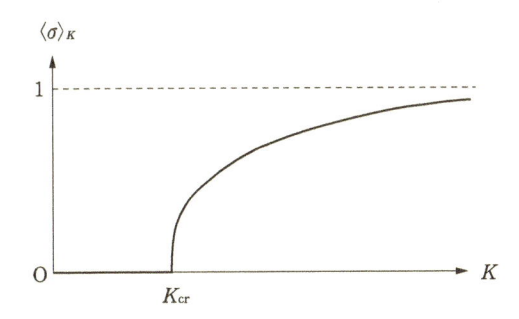

**図 3.2** $K > K_{\mathrm{cr}}$ でスピンは期待値をもち，$Z_2$ 対称性は自発的に破れる．

スピンの期待値は，$K = K_{\mathrm{cr}}$ でいきなりゼロでなくなるわけではない．ゼロ

からスタートして，$K$ が大きくなるにしたがって大きくなっていくのである．臨界点より少し大きな $K$ に対しては，期待値は急激に大きくなり，

$$\langle \sigma \rangle_K \sim (K - K_{\mathrm{cr}})^\beta$$

のように振る舞う．この冪 $\beta$ を**臨界指数**とよぶ．前節の平均場近似では，

$$\beta = \frac{1}{2} \quad (\text{平均場近似})$$

であるが，実際は

$$\beta \simeq \frac{1}{3}$$

である．$\beta$ の厳密な値は知られていない．2 次元の Ising 模型の場合は，厳密に

$$\beta = \frac{1}{8} \quad (D = 2, \text{厳密})$$

と計算されている．

別の臨界指数 $\nu$ は，相関長 $\xi$ の臨界点近傍での振る舞いを表す．

$$\xi \approx c_\pm |K - K_{\mathrm{cr}}|^{-\nu}$$

ここで

$$\nu \simeq 0.6$$

である．この**相関長** $\xi$ とは，第 2 章で自由場の 2 点関数について説明したように，異なる格子点上のスピンの相関を表す長さである．たとえば，2 点関数の場合，$|\vec{n}| \gtrsim \xi \gg 1$ に対して

$$\langle \sigma_{\vec{n}} \sigma_{\vec{0}} \rangle_K \sim \exp\left(-\frac{|\vec{n}|}{\xi}\right)$$

が成り立つ．

$\xi \approx c_\pm |K - K_{\mathrm{cr}}|^{-\nu}$ というように負の指数 $-\nu$ があることにより，$\xi$ は臨界点（$K - K_{\mathrm{cr}} = 0$）で発散する．比例係数 $c_+$（高温相）は $K < K_{\mathrm{cr}}$ の場合に，$c_-$（低温相）は $K > K_{\mathrm{cr}}$ の場合に対応し，一般に異なる値をとる．指数 $\nu$ についても $\beta$ 同様，厳密な値は知られていない．

## 3.4 スケーリング則

臨界点の近傍 $K \simeq K_{\mathrm{cr}}$ での相関関数の振る舞いは，**スケーリング則**としてまとめることができる．十分長い距離におけるスピン変数の $N$ 点相関関数は

$$\langle \sigma_{\vec{n}_1} \cdots \sigma_{\vec{n}_N} \rangle_K \approx \frac{1}{\xi^{N x_h}} F_{\pm}^{(N)} \left( \frac{\vec{n}_2 - \vec{n}_1}{\xi}, \cdots, \frac{\vec{n}_N - \vec{n}_1}{\xi} \right)$$

にしたがう．（ただし，低温相 $K > K_{\mathrm{cr}}$ では $F_{-}^{(N)}$ をとり，高温相 $K < K_{\mathrm{cr}}$ では $F_{+}^{(N)}$ をとる．）関数 $F_{\pm}^{(N)}$ は系の平行移動のもとでの不変性から，相対座標にしか依存しないことに注意する．したがって

$$\langle \sigma_{\vec{n}_1} \cdots \sigma_{\vec{n}_N} \rangle_K \approx \frac{1}{\xi^{N x_h}} F_{\pm}^{(N)} \left( \frac{\vec{n}_i - \vec{n}_j}{\xi} \right)$$

と書いてもよいだろう．

スケーリング則は，十分長い距離で成り立つといったが，この「十分長い距離」とは

$$|\vec{n}_i - \vec{n}_j| \gg 1$$

が成り立つ場合という意味であり，$\xi$ と比べて長くても短くてもよい．臨界指数 $x_h$ は

$$\boxed{\eta \equiv 2x_h - 1} \simeq 0.03$$

で与えられる．$\eta$ は**異常次元**と呼ばれる臨界指数である[*2]．

特に $N = 1$ の場合は，$K > K_{\mathrm{cr}}$ でスケーリング則は

$$\langle \sigma_{\vec{n}} \rangle_K \approx \xi^{-x_h} \cdot \text{定数} \sim (K - K_{\mathrm{cr}})^{x_h \nu}$$

となるから，

$$\boxed{\beta = x_h \nu}$$

である．

---

[*2] $D$ 次元の場合，これは $\eta = 2x_h - (D - 2)$ と変更される．

スケーリング則は，スピンの相関が相関長 $\xi$ を単位として測ると，$K$ に依らなくなることを表している．たとえば 2 点相関関数を考えると，

$$\langle \sigma_{\vec{n}=\xi\vec{n}'}\sigma_{\vec{0}}\rangle_K \approx \frac{1}{\xi^{2x_h}}F^{(2)}_{\pm}(\vec{n}')$$

となって，$K$ への依存性は規格化にしか現れず，$\vec{n}'$ への依存性は $K$ に依らないことがわかる．

臨界指数として独立なのは，$x_h$ と $\nu$ だけである．この $\nu$ は，後でよく使う臨界指数 $y_E$ の逆数である．

$$\boxed{y_E = \frac{1}{\nu}}$$

ほかに臨界指数と呼ばれるものは，すべて $x_h$ と $y_E$ によって表すことができる[*3]．たとえば，$K < K_{\mathrm{cr}}$ での磁化率は，

$$\chi(K) \equiv \frac{\partial}{\partial H_e}\langle\sigma_{\vec{0}}\rangle_{K,H_e}\Big|_{H_e=0} = \sum_{\vec{n}}\langle\sigma_{\vec{n}}\sigma_{\vec{0}}\rangle_K$$

で定義されるが，スケーリング則を使うと，

$$\chi(K) = \sum_{\vec{n}}\frac{1}{\xi^{2x_h}}F^{(2)}_+\left(\frac{\vec{n}}{\xi}\right)$$

となる．ここで $\xi \gg 1$ だから $\vec{u} \equiv \frac{\vec{n}}{\xi}$ はほぼ連続変数とみなせる．よって

$$\sum_{\vec{n}} \longrightarrow \xi^3 \int d^3 u$$

と置き換えて，

$$\chi(K) = \xi^3\int d^3u\, \frac{1}{\xi^{2x_h}}F^{(2)}_+(\vec{u}) = \xi^{3-2x_h}\int d^3u\, F^{(2)}_+(\vec{u})$$
$$\propto \xi^{3-2x_h} \sim (K_{\mathrm{cr}}-K)^{-(3-2x_h)\nu} = (K_{\mathrm{cr}}-K)^{-\gamma}$$

を得る．ここで臨界指数 $\gamma$ は

---

[*3] 臨界指数については，巻末の参考文献に挙げた Stanley（スタンリー）の *Introduction to Phase Transitions and Critical Phenomena* 第 3 章に詳しい解説がある．

$$\boxed{\gamma = (3 - 2x_h)\nu}$$

で与えられる*4.

平均場近似では，$K < K_{\mathrm{cr}}$ で

$$\chi(K) = \frac{1}{6(K_{\mathrm{cr}} - K)}$$

だから

$$\gamma = 1 \quad (\text{平均場近似})$$

である．

## 【まとめ】——第3章

### ■ 1. 3次元 Ising 模型の Boltzmann の重み

$$S = K \sum_{\vec{n}} \sum_{i=1}^{3} \sigma_{\vec{n}+\hat{i}} \sigma_{\vec{n}}$$

ただしスピン変数は $\sigma_{\vec{n}} = \pm 1$ の値をとる．

### ■ 2. $Z_2$ 対称性

$S$ は $Z_2$ 変換

$$(\forall \vec{n}) \quad \sigma_{\vec{n}} \to -\sigma_{\vec{n}}$$

の下で不変．

### ■ 3. 臨界点

臨界点 $K_{\mathrm{cr}}$ があり，$K < K_{\mathrm{cr}}$ で $Z_2$ 対称性は保たれ，$K > K_{\mathrm{cr}}$ では磁化 $\langle \sigma_{\vec{n}} \rangle \neq 0$ が生じて，$Z_2$ 対称性は自発的に破れる．

---

*4 $D$ 次元の場合，これは $\gamma = (D - 2x_h)\nu$ と変更される．

### ■ 4. 相関長の発散

$K \to K_{\mathrm{cr}}$ では相関長が発散する.

$$\xi \longrightarrow c_\pm |K - K_{\mathrm{cr}}|^{-\frac{1}{y_E}}$$

### ■ 5. スケーリング則

$K \simeq K_{\mathrm{cr}}$ ではスケーリング則が成り立つ.

$$\langle \sigma_{\vec{n}_1} \cdots \sigma_{\vec{n}_N} \rangle \approx \frac{1}{\xi^{N x_h}} F^{(N)}_\pm \left( \frac{\vec{n}_i - \vec{n}_j}{\xi} \right)$$

ただし $|\vec{n}_i - \vec{n}_j| \gg 1$.

### ■ 6. 独立な臨界指数はふたつ

臨界指数 $y_E, x_h$ によって他の臨界指数が表される.

$$\begin{aligned} \nu &= 1/y_E \\ \eta &= 2x_h - 1 \\ \beta &= x_h \nu \\ \gamma &= (3 - 2x_h)\nu \end{aligned}$$

### ■ 7. 臨界指数の近似値

$$y_E \simeq 1.3, \quad \eta \equiv 2x_h - 1 \simeq 0.03$$

# 第4章
# 連続極限

連続極限の考え方がわかれば,くりこみはもうわかったようなもの.
この章が前半の山場.

# 第4章 ■ 連続極限

離散的な格子上で定義された理論に臨界点があるならば，連続極限をとって，連続空間上に定義された理論を作ることができる．

## 4.1 連続な空間を離散的な空間から作る

連続空間上で自由場の理論を構成するにあたり，格子点 $\vec{n}$ に対応する座標 $\vec{r}$ は

$$\vec{n} = \vec{r} \cdot \mu e^t$$

と導入したことを思い出そう（第 2.3 節）．$\vec{n}$ の要素を 1 変えることは，座標 $\vec{r}$ の要素を $\frac{1}{\mu e^t}$ 変えることに対応する．つまり，格子点の間隔は距離

$$\frac{1}{\Lambda} \equiv \frac{1}{\mu e^t}$$

をもっている．連続空間を得るには，この距離をゼロにしなければならない．したがって，連続空間上で有限などんな長さも，となりあう格子点の間隔を単位として測れば無限である．

自由場の 2 点関数は，$|\vec{n}| \gg 1$ の場合

$$\langle \phi_{\vec{n}} \phi_{\vec{0}} \rangle = \int_{-\pi}^{\pi} \frac{d^D k}{(2\pi)^D} \frac{e^{i\vec{k}\cdot\vec{n}}}{\vec{k}^2 + m_0^2}$$

で与えられる．積分に寄与するのは小さな波数ベクトルだけだから，積分は

$$\int_{-\infty}^{\infty} \frac{d^D k}{(2\pi)^D} \frac{e^{i\vec{k}\cdot\vec{n}}}{\vec{k}^2 + m_0^2} = m_0^{D-2} \int_{-\infty}^{\infty} \frac{d^D k}{(2\pi)^D} \frac{e^{i\vec{k}\cdot\vec{n} m_0}}{\vec{k}^2 + 1}$$

で置き換えることができる．ここで

$$f(|\vec{u}|) \equiv \int_{-\infty}^{\infty} \frac{d^D k}{(2\pi)^D} \frac{e^{i\vec{k}\cdot\vec{u}}}{\vec{k}^2 + 1}$$

と定義すると，2 点関数は

$$\langle \phi_{\vec{n}} \phi_{\vec{0}} \rangle = m_0^{D-2} f(m_0 |\vec{n}|)$$

で与えられる．したがって，$\vec{n}_1 = \vec{N}_1 / m_0$ と $\vec{n}_2 = \vec{N}_2 / m_0$ というふたつの位置

で，2点関数の比をとると

$$\frac{\langle \phi_{\vec{n}_1}\phi_{\vec{0}}\rangle}{\langle \phi_{\vec{n}_2}\phi_{\vec{0}}\rangle} = \frac{f(|\vec{N}_1|)}{f(|\vec{N}_2|)}$$

となる．この比は $m_0$ に依らない．このことは，2点関数の $|\vec{n}|$ 依存性を与える特徴的な長さ（つまり相関長）が

$$\xi = \frac{1}{m_0} = \frac{\mu e^t}{M}$$

で与えられることを意味している．これに対応する連続空間上の相関長は

$$\xi_{\mathrm{ph}} \equiv \frac{\xi}{\mu e^t} = \frac{1}{M}$$

で，これは $t$ に依らず有限である．

連続空間で有限な相関長を得るには，格子上で無限の相関長を得なければならない．一般に無限の相関長をもつ格子理論は，**臨界状態**にあるという．したがって，連続極限を得るには，（ほぼ）臨界状態にある格子理論が必要である．$m_0 = 0$ である自由場の理論は，臨界状態にある格子理論のもっとも簡単な例を与えている．第3章でもうひとつ $K = K_{\mathrm{cr}}$ における Ising 模型の例を見た．Ising 模型の連続極限をとることができるはずである．

## 4.2　3次元 Ising 模型の連続極限

臨界点の近傍では，3次元 Ising 模型がスケーリング則にしたがう．このスケーリング則は，どのように連続極限を構成したらいいかを教えてくれるのである．以下，連続空間上の $N$ 点相関関数が

$$\langle \phi(\vec{r}_1)\cdots\phi(\vec{r}_N)\rangle_{g_E;\mu} \equiv \mu^{\frac{N}{2}} \lim_{t\to\infty} e^{Nx_h t} \langle \sigma_{\vec{r}_1 \mu e^t}\cdots\sigma_{\vec{r}_N \mu e^t}\rangle_K$$

で定義できることを確かめよう．ただし，ここで $K$ の $t$ 依存性は

$$K = K_{\mathrm{cr}} - \frac{g_E}{\mu^2} e^{-y_E t}$$

ととる．$g_E > 0$ は $Z_2$ 対称性が保たれる相，$g_E < 0$ は自発的に破れている相を与える．$y_E > 0$ だから，$t \to \infty$ の極限で理論は臨界状態になる．

$$K \xrightarrow{t \to \infty} K_{\mathrm{cr}}$$

$K$ の $t$ 依存性は，相関長が

$$\xi = c_\pm |K - K_{\mathrm{cr}}|^{-\frac{1}{y_E}} = c_\pm \left|\frac{g_E}{\mu^2}\right|^{-\frac{1}{y_E}} \mathrm{e}^t \propto \mathrm{e}^t$$

と，$\mathrm{e}^t$ に比例するようにとった．こうすれば，相関長を単位とした座標

$$\frac{\vec{n}_i}{\xi} = \frac{\vec{r}_i \mu \mathrm{e}^t}{c_\pm |g_E/\mu^2|^{-\frac{1}{y_E}} \mathrm{e}^t} = \frac{\vec{r}_i \mu}{c_\pm |g_E/\mu^2|^{-\frac{1}{y_E}}} \quad (i = 1, \cdots, N)$$

は $t$ に依らなくなる．質量のパラメータ $\mu$ を導入したのは，パラメータ $g_E$ に質量次元 2 を与えるためである[*1]．同様に，場 $\phi(\vec{r})$ に自由場と同じ質量次元 $\frac{1}{2}$ を与えるために，全体を $\mu^{\frac{N}{2}}$ 倍した．

スケーリング則を使って，上で定義された極限は簡単に計算できる．

$$\langle \phi(\vec{r}_1) \cdots \phi(\vec{r}_N) \rangle_{g_E; \mu}$$
$$= \mu^{\frac{N}{2}} \lim_{t \to \infty} \mathrm{e}^{N x_h t} \left( c_\pm \left|\frac{g_E}{\mu^2}\right|^{-\frac{1}{y_E}} \mathrm{e}^t \right)^{-N x_h} F_\pm^{(N)} \left( \frac{(\vec{r}_i - \vec{r}_j) \mu \mathrm{e}^t}{c_\pm \left|\frac{g_E}{\mu^2}\right|^{-\frac{1}{y_E}} \mathrm{e}^t} \right)$$
$$= \mu^{\frac{N}{2}} \left( \frac{1}{c_\pm} \left|\frac{g_E}{\mu^2}\right|^{\frac{1}{y_E}} \right)^{N x_h} F_\pm^{(N)} \left( \mu (\vec{r}_i - \vec{r}_j) \frac{1}{c_\pm} \left|\frac{g_E}{\mu^2}\right|^{\frac{1}{y_E}} \right)$$

したがって，

### スケーリング関数は，相関関数の連続極限を与える

ことがわかる．

相関関数の連続極限の質量次元は，$\frac{N}{2}$ である．これは，連続空間上の場 $\phi(\vec{r})$ が質量次元 $\frac{1}{2}$ をもつことを意味する．これは自由場の場合と同じ質量次元を与えるための選択であり，深い理由はない．$\mu$ の冪を適当にかければ質量次元を

---

[*1] 冒頭の「単位系についての注意」で述べたように，自然単位系を採用した場合，あらゆる物理量の次元は質量（これはエネルギーと等価である）の冪で表される．物理量が質量の何乗の次元をもつかを決めることを，「質量次元」を与えるとよぶ．たとえば，長さの次元は質量の次元の $-1$ 乗なので，「質量次元 $-1$」をもつことになる．

変えることができる．同様に，$g_E$ には自由場の2乗質量 $M^2$ と同じ質量次元2をもたせることにした．次元解析から

$$\langle \phi(\mathrm{e}^{-\Delta t}\vec{r}_1) \cdots \phi(\mathrm{e}^{-\Delta t}\vec{r}_N) \rangle_{g_E \mathrm{e}^{2\Delta t}; \mu \mathrm{e}^{\Delta t}}$$
$$= \mathrm{e}^{\frac{N}{2}\Delta t} \langle \phi(\vec{r}_1) \cdots \phi(\vec{r}_N) \rangle_{g_E; \mu}$$

を得ることができる．

## 4.3 くりこみ群方程式

パラメター $\mu$ は，空間座標 $\vec{r}$ に質量次元 $-1$ をもたせるために導入した任意の質量パラメターである．相関関数の連続極限が $\mu$ にどう依存するか見てみよう．いま，$\mu$ の代わりに $\mu\mathrm{e}^{\Delta t}$ を使うと，

$$\langle \phi(\vec{r}_1) \cdots \phi(\vec{r}_N) \rangle_{g_E; \mu \mathrm{e}^{\Delta t}}$$
$$= \left(\mu\mathrm{e}^{\Delta t}\right)^{\frac{N}{2}} \lim_{t \to \infty} \mathrm{e}^{Nx_h t} \langle \sigma_{\vec{r}_1 \mu \mathrm{e}^{\Delta t+t}} \cdots \sigma_{\vec{r}_N \mu \mathrm{e}^{\Delta t+t}} \rangle_K$$

となる．ただし

$$K = K_{\mathrm{cr}} - \frac{g_E}{\mu^2 \mathrm{c}^{2\Delta t}} \mathrm{e}^{-y_E t}$$

である．ここで $t + \Delta t$ を $t$ と書き直すと，

$$\langle \phi(\vec{r}_1) \cdots \phi(\vec{r}_N) \rangle_{g_E; \mu \mathrm{e}^{\Delta t}}$$
$$= \left(\mu\mathrm{e}^{\Delta t}\right)^{\frac{N}{2}} \lim_{t \to \infty} \mathrm{e}^{Nx_h(t-\Delta t)} \langle \sigma_{\vec{r}_1 \mu \mathrm{e}^t} \cdots \sigma_{\vec{r}_N \mu \mathrm{e}^t} \rangle_K$$

および

$$K = K_{\mathrm{cr}} - \frac{g_E \mathrm{e}^{(y_E - 2)\Delta t}}{\mu^2} \mathrm{e}^{-y_E t}$$

を得る．したがって

$$\langle \phi(\vec{r}_1) \cdots \phi(\vec{r}_N) \rangle_{g_E; \mu \mathrm{e}^{\Delta t}}$$
$$= \mathrm{e}^{-\frac{N}{2}\eta \Delta t} \langle \phi(\vec{r}_1) \cdots \phi(\vec{r}_N) \rangle_{g_E \mathrm{e}^{(y_E-2)\Delta t}; \mu}$$

を得る．ただし

$$\eta \equiv 2x_h - 1$$

は異常次元である．つまり $\mu$ の変化は，$g_E$ と $\phi$ の規格化の変化に置き換えられることがわかる．

上の結果は，$g_E$ を $g_E \mathrm{e}^{(2-y_E)\Delta t}$ で置き換えると，

$$\langle \phi(\vec{r}_1) \cdots \phi(\vec{r}_N) \rangle_{g_E \mathrm{e}^{(2-y_E)\Delta t}; \mu \mathrm{e}^{\Delta t}} = \mathrm{e}^{N\frac{-\eta}{2}\Delta t} \langle \phi(\vec{r}_1) \cdots \phi(\vec{r}_N) \rangle_{g_E; \mu}$$

と書き換えられる．したがってパラメター $g_E, \mu$ のペアの同値関係

$$(g_E, \mu) \iff \left( g_E \mathrm{e}^{(2-y_E)\Delta t}, \mu \mathrm{e}^{\Delta t} \right)$$

が得られる．上のふたつのペアは場の規格化を除いて同じ相関関数を与えるから，物理的に同等といえる[*2]．第 2.2 節で振動子の模型に対して説明したように，$g_E$ は質量スケール $\mu$ で見た理論のパラメターの値とみなすことができる．$y_E < 2$ であれば，$\mu$ を大きくしていくと（すなわち，より短い距離のスケール $1/\mu$ を見ていくと），$g_E$ は $\mu^{2-y_E}$ に比例して大きくなることがわかる．

ペア $(g_E, \mu)$ からペア $(g_E \mathrm{e}^{(2-y_E)\Delta t}, \mu \mathrm{e}^{\Delta t})$ への変換を，あとで導入する "Wilson の" くりこみ群変換と区別して，単に**くりこみ群変換**と呼ぶ．$\Delta t$ を無限小にとれば，くりこみ群の微分方程式

$$\boxed{\left( -\mu \frac{\partial}{\partial \mu} + (y_E - 2) g_E \frac{\partial}{\partial g_E} - N\frac{\eta}{2} \right) \langle \phi(\vec{r}_1) \cdots \phi(\vec{r}_N) \rangle_{g_E; \mu} = 0}$$

が得られる．

## 4.4　近距離での振る舞い（近距離近似）

くりこみ群の方程式

$$\langle \phi(\vec{r}_1) \cdots \phi(\vec{r}_N) \rangle_{g_E \mathrm{e}^{(2-y_E)\Delta t}; \mu \mathrm{e}^{\Delta t}} = \mathrm{e}^{N\frac{-\eta}{2}\Delta t} \langle \phi(\vec{r}_1) \cdots \phi(\vec{r}_N) \rangle_{g_E; \mu}$$

と，次元解析の式

$$\langle \phi(\mathrm{e}^{-\Delta t}\vec{r}_1) \cdots \phi(\mathrm{e}^{-\Delta t}\vec{r}_N) \rangle_{g_E \mathrm{e}^{2\Delta t}; \mu \mathrm{e}^{\Delta t}} = \mathrm{e}^{\frac{N}{2}\Delta t} \langle \phi(\vec{r}_1) \cdots \phi(\vec{r}_N) \rangle_{g_E; \mu}$$

とを合わせると

---

[*2] 第 2 章の調和振動子の例で，ペア $(K_r, \mu)$ について説明したことと同じである．

$$\langle \phi(e^{-\Delta t}\vec{r}_1)\cdots\phi(e^{-\Delta t}\vec{r}_N)\rangle_{g_E e^{y_E \Delta t};\mu} = e^{Nx_h\Delta t}\langle \phi(\vec{r}_1)\cdots\phi(\vec{r}_N)\rangle_{g_E;\mu}$$

を得る．$g_E$ を $g_E e^{-y_E\Delta t}$ で置き換えて，これを

$$\boxed{\langle \phi(e^{-\Delta t}\vec{r}_1)\cdots\phi(e^{-\Delta t}\vec{r}_N)\rangle_{g_E;\mu} = e^{Nx_h\Delta t}\langle \phi(\vec{r}_1)\cdots\phi(\vec{r}_N)\rangle_{g_E e^{-y_E\Delta t};\mu}}$$

と書き換えることができる．この関係式はもともとのくりこみ群方程式を書き換えただけだから，これもくりこみ群方程式とよばれる[*3]．

ここで，質量パラメター $\mu$ は固定されていることに注意しよう．この式には物理的に明確な意味がある．$g_E$ の値を小さくすることは，$g_E$ をそのままにして近距離の物理を見ることと同じであることを表している．

上のくりこみ群方程式は任意の $\Delta t$ について成り立つから，$\Delta t \gg 1$ として

$$\langle \phi(e^{-\Delta t}\vec{r}_1)\cdots\phi(e^{-\Delta t}\vec{r}_N)\rangle_{g_E;\mu} \simeq e^{Nx_h\Delta t}\langle \phi(\vec{r}_1)\cdots\phi(\vec{r}_N)\rangle_{0;\mu}$$

を得る．よって，近距離の極限で相関関数は臨界点 $g_E = 0$ での相関関数で表されることがわかる．特に $N = 2$ の場合，

$$\left\langle \phi(e^{-\Delta t}\vec{r})\phi(\vec{0})\right\rangle_{g_E;\mu} \simeq e^{2x_h\Delta t}\left\langle \phi(\vec{r})\phi(\vec{0})\right\rangle_{0;\mu}$$

だから

$$\left\langle \phi(\vec{r})\phi(\vec{0})\right\rangle_{g_E;\mu} \xrightarrow{r\to 0} \frac{定数}{r^{2x_h}}$$

となる．

## 【まとめ】──第4章

### ■ 1. 連続極限と臨界理論

連続極限では，格子間隔で測った相関長が極限になる．つまり理論は臨界になる．

---

[*3] これは，第7章で導入する Wilson のくりこみ群方程式の特別な場合になっている．つまり Wilson のくりこみ群方程式を $\mathcal{S}_\infty$ 上に特化した場合が，ここで得られたくりこみ群方程式である．

## 2. 連続空間の座標と格子上の座標

連続空間の座標 $\vec{r}$ は格子上の座標 $\vec{n} = \vec{r}\mu e^t$ に対応し，連続極限では，$t \to \infty$ となる．

## 3. 連続極限

3次元 Ising 模型の連続極限は，

$$\langle \phi(\vec{r}_1) \cdots \phi(\vec{r}_N) \rangle_{g_E;\mu} \equiv \mu^{\frac{N}{2}} \lim_{t \to +\infty} e^{Nx_h t} \langle \sigma_{\vec{r}_1 \mu e^t} \cdots \sigma_{\vec{r}_N \mu e^t} \rangle_K$$

で与えられる．ただし

$$K = K_{\mathrm{cr}} - \frac{g_E}{\mu^2} e^{-y_E t}$$

ととる．

## 4. スケーリング則

スケーリング則を表すスケーリング関数が，連続極限の相関関数を与える．

$$\langle \phi(\vec{r}_1) \cdots \phi(\vec{r}_N) \rangle_{g_E;\mu} = \mu^{\frac{N}{2}} \frac{1}{\xi(g_E)^{Nx_h}} F_{\pm}^{(N)}\left(\frac{\vec{r}_i - \vec{r}_j}{\xi(g_E)}\right)$$

ここで相関長は

$$\xi(g_E) = c_\pm \left|g_E/\mu^2\right|^{-\frac{1}{y_E}}$$

と与えられる．

## 5. くりこみ群方程式

相関関数は $\eta \equiv 2x_h - 1$ を異常次元として，くりこみ群方程式

$$\left(-\mu \frac{\partial}{\partial \mu} + (y_E - 2) g_E \frac{\partial}{\partial g_E} - N\frac{\eta}{2}\right) \langle \phi(\vec{r}_1) \cdots \phi(\vec{r}_N) \rangle_{g_E;\mu} = 0$$

を満たす．これは

$$\langle \phi(e^{-\Delta t}\vec{r}_1) \cdots \phi(e^{-\Delta t}\vec{r}_N) \rangle_{g_E;\mu}$$
$$= e^{Nx_h \Delta t} \langle \phi(\vec{r}_1) \cdots \phi(\vec{r}_N) \rangle_{g_E e^{-y_E \Delta t};\mu}$$

と書き換えることができる．

# 第5章
# $D$ 次元スカラー理論

摂動論でおなじみの $\phi^4$ 理論の物理は,
摂動論を使わない方がわかりやすい.

3次元 Ising 模型の連続極限を学んだところで，次に学びたいのが $\phi^4$ 理論の連続極限である．摂動論的にも扱える 4 次元の $\phi^4$ 理論は，第 9 章に回して，ここでは低次元の $\phi^4$ 理論を非摂動論的に考える．

## 5.1 格子理論

自由場の理論を拡張して，$\phi^4$ 理論を定義する．空間の次元 $D$ は

$$2 \leq D < 4$$

としよう[*1]．Boltzmann の重みは

$$S = -\sum_{\vec{n}} \left[ \frac{1}{2} \sum_{i=1}^{D} \left( \phi_{\vec{n}+\hat{i}} - \phi_{\vec{n}} \right)^2 + \frac{m_0^2}{2} \phi_{\vec{n}}^2 + \frac{\lambda_0}{4!} \phi_{\vec{n}}^4 \right]$$

で与えられる．ここで $\lambda_0 > 0$ で，この項は $\phi_{\vec{n}}$ の揺らぎを抑える働きをする．自由場の場合は，$m_0^2 > 0$ としないと $\phi_{\vec{n}}$ の積分が収束しないが，$\phi^4$ 理論の場合，条件 $\lambda_0 > 0$ が収束を保証するから，$m_0^2$ はその記法にもかかわらず正負どちらであってもよい．

上で与えられた $S$ の特徴は，その $Z_2$ 対称性である．すべての格子点で一斉に $\phi_{\vec{n}}$ の符号を

$$(\forall \vec{n}) \quad \phi_{\vec{n}} \longrightarrow -\phi_{\vec{n}}$$

のように変えても，$S$ は不変である．$Z_2$ 不変性（$Z_2$ 対称性）は，Ising 模型と共通した特徴である．

さて，$\lambda_0$ を固定したままで，$m_0^2$ を小さくしていくことを考えよう．$m_0^2 < 0$ のとき，$S$ のポテンシャル（2 項目と 3 項目の和）

$$V(\phi) = \frac{m_0^2}{2} \phi^2 + \frac{\lambda_0}{4!} \phi^4$$

をプロットすると，図 5.1 のようになる．

---

[*1] $D$ を整数とすれば，$D = 2$ または $D = 3$ であるが，整数でない $D$ についても理論を拡張することができる．以下，$D = 2$ または $D = 3$ と思って読み進めてよい．$D = 3$ の摂動論的な扱いは，第 8 章で説明する．

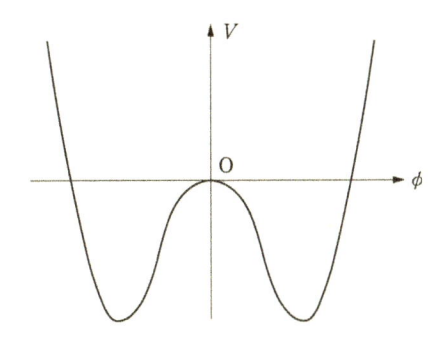

**図 5.1** $m_0^2$ が十分負になると，$\phi$ の期待値はゼロでなくなる．

$m_0^2$ があまり負でなければ，揺らぎのために $\phi_{\vec{n}}$ の期待値はゼロである．このとき $Z_2$ 対称性は保たれている．

$$\langle \phi_{\vec{n}} \rangle = -\langle \phi_{\vec{n}} \rangle = 0$$

さらに $m_0^2$ を負にしていくと，ある臨界点 $m_{0,\mathrm{cr}}^2(\lambda_0)$ を境に期待値が生じ，$Z_2$ 対称性は<u>自発的に破れる</u>．Ising 模型と同じく，強磁性体の自発磁化のアナロジーになっている．Ising 模型のパラメター $K$ にあたるのが，$-m_0^2$ である（図 5.2）．

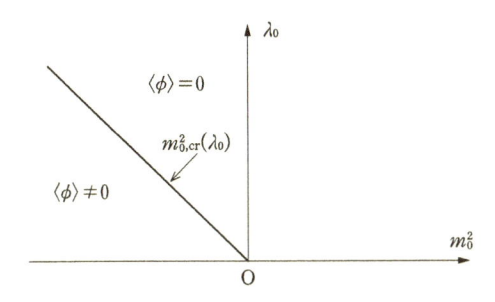

**図 5.2** $m_0^2 = m_{0,\mathrm{cr}}^2(\lambda_0)$ で連続相転移が起こる．

$$\langle \phi_{\vec{n}} \rangle \neq 0 \quad (m_0^2 < m_{0,\mathrm{cr}}^2)$$

期待値を $m_0^2$ の関数としてプロットすると図 5.3 のようになる．

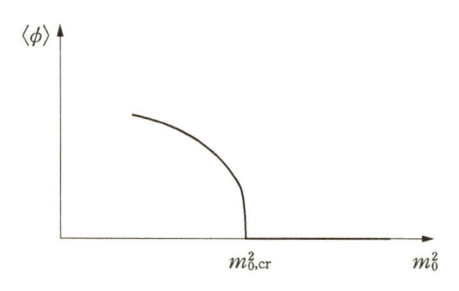

**図 5.3** 期待値は $m_0^2$ の連続関数である．臨界点ではゼロとなる．

臨界点 $m_{0,\mathrm{cr}}^2$ の近傍で相関長は，近似的に

$$\xi = c_\pm |m_0^2 - m_{0,\mathrm{cr}}^2|^{-\frac{1}{y_E}}$$

と与えられる．ここで $c_\pm$ は正の定数，$y_E > 0$ は臨界指数である．複号 $\pm$ は，$m_0^2 > m_{0,\mathrm{cr}}^2$ の場合と $m_0^2 < m_{0,\mathrm{cr}}^2$ の場合とを区別している．臨界点では，相関長は発散する．

$$\xi \Big|_{m_0^2 = m_{0,\mathrm{cr}}^2} = +\infty$$

臨界指数 $y_E$ は空間の次元 $D$ に依存するが，$D = 3$ の場合，$y_E$ は 3 次元 Ising 模型のそれと同じである．これが第 6 章で説明する**普遍性**である．

## 5.2 スケーリング則

3 次元の Ising 模型の場合と同じように，$\phi^4$ 理論についても，作業仮説として次の**スケーリング則**を導入しよう．

**スケーリング則** 臨界点の近傍で，$N$ 点相関関数は

$$\langle \phi_{\vec{n}_1} \cdots \phi_{\vec{n}_N} \rangle_{m_0^2} \approx \xi^{-N x_h} \cdot F_\pm^{(N)} \left( \frac{\vec{n}_i - \vec{n}_j}{\xi} \right)$$

で与えられる.

ここで $\xi$ は相関長である. $x_h$ は相関長の臨界指数 $y_E$ とは独立の臨界指数である. $m_0^2 > m_{0,\mathrm{cr}}^2$ ではスケーリング関数 $F_+^{(N)}$, $m_0^2 < m_{0,\mathrm{cr}}^2$ では $F_-^{(N)}$ をとる. スケーリング関数は, 次元 $D$ に依存する. $D=3$ のときは, 臨界指数 $y_E$ と同じく, スケーリング関数も Ising 模型のスケーリング関数と同じになる. Ising 模型と $\phi^4$ 理論のスケーリング則は, 第 7 章で Wilson のくりこみ群を使って導くが, いまは仮定するだけにして, その帰結を以下に導いていきたい.

特に $N=1$ の場合, 対称性の破れている相 $m_0^2 < m_{0,\mathrm{cr}}^2$ では

$$\langle \phi_{\vec{n}} \rangle_{m_0^2} = \left( m_{0,\mathrm{cr}}^2 - m_0^2 \right)^{\frac{x_h}{y_E}} \frac{1}{c_-^{x_h}} \underbrace{F_-^{(1)}}_{\text{定数}}$$

が得られる. もちろん $F_+^{(1)} = 0$ である.

$N \geq 2$ の場合, 系の平行移動のもとでの不変性から, $F_\pm^{(N)}$ は相対座標にしか依らないことに注意しよう.

## 5.3 連続極限

第 3 章で, 3 次元 Ising 模型の連続極限では, 相関関数がスケーリング関数で与えられることを見た. $\phi^4$ 理論の場合もまったく同じである.

以下, 連続空間上の $N$ 点相関関数が

$$\langle \phi(\vec{r}_1) \cdots \phi(\vec{r}_N) \rangle_{g_E;\mu} \equiv \mu^{N\frac{D-2}{2}} \lim_{t \to \infty} \mathrm{e}^{Nx_h t} \langle \phi_{\vec{r}_1 \mu \mathrm{e}^t} \cdots \phi_{\vec{r}_N \mu \mathrm{e}^t} \rangle_{m_0^2}$$

で定義できることを確かめよう. ただしここで $m_0^2$ の $t$ 依存性は

$$m_0^2 = m_{0,\mathrm{cr}}^2(\lambda_0) + \frac{g_E}{\mu^2} \mathrm{e}^{-y_E t}$$

ととる. $g_E > 0$ は $Z_2$ 対称性が保たれる相を与え, $g_E < 0$ は自発的に破れている相を与える. $y_E > 0$ だから, $t \to \infty$ の極限で理論は臨界状態になる.

$$m_0^2 \xrightarrow{t \to \infty} m_{0,\mathrm{cr}}^2(\lambda_0)$$

$m_0^2$ の $t$ 依存性は, 相関長が

$$\xi = c_\pm |m_0^2 - m_{0,\mathrm{cr}}|^{-\frac{1}{y_E}} = c_\pm \left|\frac{g_E}{\mu^2}\right|^{-\frac{1}{y_E}} \mathrm{e}^t \propto \mathrm{e}^t$$

と $\mathrm{e}^t$ に比例するようにとった．こうすれば，相関長を単位とした座標

$$\frac{\vec{n}_i}{\xi} = \frac{\vec{r}_i \mu \mathrm{e}^t}{c_\pm |g_E/\mu^2|^{-\frac{1}{y_E}} \mathrm{e}^t} = \frac{\vec{r}_i \mu}{c_\pm |g_E/\mu^2|^{-\frac{1}{y_E}}} \quad (i = 1, \cdots, N)$$

は $t$ に依らなくなる．パラメター $g_E$ に質量次元 2 を与えるために，質量のパラメター $\mu$ を導入した．同様に，場 $\phi(\vec{r})$ に質量次元 $\frac{D-2}{2}$ を与えるために，全体を $\mu^{N\frac{D-2}{2}}$ 倍した．

スケーリング則を使って，上で定義された極限は簡単に計算できる．

$$\langle \phi(\vec{r}_1) \cdots \phi(\vec{r}_N) \rangle_{g_E;\mu}$$
$$= \mu^{N\frac{D-2}{2}} \lim_{t\to\infty} \mathrm{e}^{Nx_h t} \left(\frac{1}{c_\pm}\left|\frac{g_E}{\mu^2}\right|^{\frac{1}{y_E}} \mathrm{e}^{-t}\right)^{Nx_h} F_\pm^{(N)} \left(\frac{(\vec{r}_i - \vec{r}_j)\mu \mathrm{e}^t}{c_\pm \left|\frac{g_E}{\mu^2}\right|^{-\frac{1}{y_E}} \mathrm{e}^t}\right)$$
$$= \mu^{N\frac{D-2}{2}} \left(\frac{1}{c_\pm}\left|\frac{g_E}{\mu^2}\right|^{\frac{1}{y_E}}\right)^{Nx_h} F_\pm^{(N)} \left(\mu(\vec{r}_i - \vec{r}_j)\frac{1}{c_\pm}\left|\frac{g_E}{\mu^2}\right|^{\frac{1}{y_E}}\right)$$

したがってスケーリング関数は，相関関数の連続極限を与えることがわかる．

相関関数の連続極限の質量次元は，$N\frac{D-2}{2}$ である．これは，連続空間上の場 $\phi(\vec{r})$ が質量次元 $\frac{D-2}{2}$ をもつことを意味する．これは自由場の場合と同じ質量次元を与えるための選択であり，深い理由はない．$\mu$ の冪(べき)を適当にかければ質量次元を変えることができる．同様に，$g_E$ には自由場の 2 乗質量 $M^2$ と同じ質量次元 2 をもたせることにした．次元解析から

$$\langle \phi(\mathrm{e}^{-\Delta t}\vec{r}_1) \cdots \phi(\mathrm{e}^{-\Delta t}\vec{r}_N) \rangle_{g_E \mathrm{e}^{2\Delta t}; \mu \mathrm{e}^{\Delta t}} = \mathrm{e}^{N\frac{D-2}{2}\Delta t} \langle \phi(\vec{r}_1) \cdots \phi(\vec{r}_N) \rangle_{g_E;\mu}$$

を得ることができる．

## 5.4 くりこみ群方程式

前節では，$D$ 次元 $\phi^4$ 理論の連続極限が，3 次元 Ising 模型のそれとまったく同じように構成できることを見た．相関関数が満たすくりこみ群方程式も，Ising 模型の場合と同様に導くことができる．復習をかねて，もう一度導いてみ

よう.

パラメター $\mu$ は,空間座標 $\vec{r}$ に質量次元 $-1$ をもたせるために導入した任意の質量パラメターである.相関関数の連続極限が $\mu$ にどう依存するか見てみよう.いま $\mu$ の代わりに $\mu \mathrm{e}^{\Delta t}$ を使うと,

$$\langle \phi(\vec{r}_1)\cdots\phi(\vec{r}_N)\rangle_{g_E;\mu \mathrm{e}^{\Delta t}}$$
$$= \left(\mu \mathrm{e}^{\Delta t}\right)^{N\frac{D-2}{2}} \lim_{t\to\infty} \mathrm{e}^{Nx_h t} \langle \phi_{\vec{r}_1 \mu \mathrm{e}^{\Delta t+t}} \cdots \phi_{\vec{r}_N \mu \mathrm{e}^{\Delta t+t}}\rangle_{m_0^2}$$

となる.ただし

$$m_0^2 = m_{0,\mathrm{cr}}^2(\lambda_0) + \frac{g_E}{\mu^2 \mathrm{e}^{2\Delta t}} \mathrm{e}^{-y_E t}$$

である.ここで $t+\Delta t$ を $t$ と書き直すと,

$$\langle \phi(\vec{r}_1)\cdots\phi(\vec{r}_N)\rangle_{g_E;\mu \mathrm{e}^{\Delta t}}$$
$$= \left(\mu \mathrm{e}^{\Delta t}\right)^{N\frac{D-2}{2}} \lim_{t\to\infty} \mathrm{e}^{Nx_h(t-\Delta t)} \langle \phi_{\vec{r}_1 \mu \mathrm{e}^t} \cdots \phi_{\vec{r}_N \mu \mathrm{e}^t}\rangle_{m_0^2}$$

および

$$m_0^2 = m_{0,\mathrm{cr}}^2(\lambda_0) + \frac{g_E \mathrm{e}^{(y_E-2)\Delta t}}{\mu^2} \mathrm{e}^{-y_E t}$$

を得る.

したがって,

$$\langle \phi(\vec{r}_1)\cdots\phi(\vec{r}_N)\rangle_{g_E;\mu \mathrm{e}^{\Delta t}} = \mathrm{e}^{N\left(\frac{D-2}{2}-x_h\right)\Delta t} \langle \phi(\vec{r}_1)\cdots\phi(\vec{r}_N)\rangle_{g_E \mathrm{e}^{(y_E-2)\Delta t};\mu}$$

を得る.つまり,$\mu$ の変化は,$g_E$ と $\phi$ の規格化の変化に置き換えられることがわかる.上の結果は,$\Delta t$ を無限小にとれば,くりこみ群の微分方程式

$$\left(-\mu\frac{\partial}{\partial \mu} + (y_E-2)g_E\frac{\partial}{\partial g_E} - N\left(x_h - \frac{D-2}{2}\right)\right)$$
$$\times \langle \phi(\vec{r}_1)\cdots\phi(\vec{r}_N)\rangle_{g_E;\mu} = 0$$

として表すことができる.パラメター $g_E$ が質量スケール $\mu$ とペアを作るのは,第 4.3 節で説明した 3 次元 Ising 模型の連続極限の場合と同じである.$g_E$ は質量スケール $\mu$ で見たときの,理論のパラメターである.$\mu$ を $\mu \mathrm{e}^t$ と変えると同時に $g_E$ を $g_E \mathrm{e}^{(2-y_E)t}$ に変えれば物理は変わらない.

さらに次元解析の結果を使えば、くりこみ群方程式のもうひとつの表現

$$\langle \phi(\vec{r}_1 \mathrm{e}^t) \cdots \phi(\vec{r}_N \mathrm{e}^t) \rangle_{g_E;\mu} = \mathrm{e}^{-Nx_h t} \langle \phi(\vec{r}_1) \cdots \phi(\vec{r}_N) \rangle_{g_E \mathrm{e}^{y_E t};\mu}$$

を得ることができる.

## 5.5 $\lambda_0$ への依存性

いままでは，$\lambda_0$ を固定したままで連続極限を構成した．では，連続極限は $\lambda_0$ にどう依存するのだろうか？

まず，<u>臨界指数 $y_E$ と $x_h$ は $\lambda_0$ に依らない</u>ことを仮定しよう．$m_0^2$ の臨界点での値は，$\lambda_0$ に依存するので，$m_{0,\mathrm{cr}}^2(\lambda_0)$ と表す．$\lambda_0$ への依存性も表すことにすれば，相関長は

$$\xi \approx z(\lambda_0) c_\pm |m_0^2 - m_{0,\mathrm{cr}}^2(\lambda_0)|^{-\frac{1}{y_E}}$$

となり，またスケーリング則は次にように変更される．

$$\langle \phi_{\vec{n}_1} \cdots \phi_{\vec{n}_N} \rangle_{m_0^2, \lambda_0} \approx Z(\lambda_0)^{\frac{N}{2}} \xi^{-Nx_h} \cdot F_\pm^{(N)}\left(\frac{\vec{n}_i - \vec{n}_j}{\xi}\right)$$

ここで，スケーリング関数 $F_\pm^{(N)}$ は $\lambda_0$ に依らないが，相関長の規格化と相関関数の規格化は $\lambda_0$ に依存する.

したがって，$\lambda_0$ に関係なく

$$m_0^2 = m_{0,\mathrm{cr}}^2(\lambda_0) + \frac{g_E}{\mu^2} \mathrm{e}^{-y_E t}$$

として連続極限を

$$\langle \phi(\vec{r}_1) \cdots \phi(\vec{r}_N) \rangle_{g_E;\mu} \equiv \mu^{N\frac{D-2}{2}} \lim_{t \to \infty} \mathrm{e}^{Nx_h t} \langle \phi_{\vec{r}_1 \mu \mathrm{e}^t} \cdots \phi_{\vec{r}_N \mu \mathrm{e}^t} \rangle_{m_0^2, \lambda_0}$$

と定義すると，

$$\langle \phi(\vec{r}_1) \cdots \phi(\vec{r}_N) \rangle_{g_E;\mu} = Z(\lambda_0)^{\frac{N}{2}} \mu^{N\frac{D-2}{2}} \left(\frac{|g_E/\mu^2|^{\frac{1}{y_E}}}{z(\lambda_0) c_\pm}\right)^{Nx_h}$$

$$\times F_\pm^{(N)}\left(\mu(\vec{r}_i - \vec{r}_j) \frac{|g_E/\mu^2|^{\frac{1}{y_E}}}{z(\lambda_0) c_\pm}\right)$$

となって，連続極限は $\lambda_0$ に依ってしまう．

しかし，この $\lambda_0$ 依存性は本質的でない．半分は $g_E$ の定義に吸収できる．つまり $z(\lambda_0)^{-y_E} g_E$ を新たに $g_E$ と定義して

$$m_0^2 = m_{0,\mathrm{cr}}^2(\lambda_0) + z(\lambda_0)^{y_E} \frac{g_E}{\mu^2} \mathrm{e}^{-y_E t}$$

とする．残りの半分は，スカラー場の規格化に吸収できる．言い換えれば，$Z(\lambda_0)^{-\frac{1}{2}}\phi$ を新たに $\phi$ と定義することにすると，

$$\begin{aligned}
&\langle \phi(\vec{r}_1) \cdots \phi(\vec{r}_N) \rangle_{g_E;\mu} \\
&\equiv Z(\lambda_0)^{-\frac{N}{2}} \mu^{N\frac{D-2}{2}} \lim_{t\to\infty} \mathrm{e}^{Nx_h t} \langle \phi_{\vec{r}_1 \mu \mathrm{e}^t} \cdots \phi_{\vec{r}_N \mu \mathrm{e}^t} \rangle_{m_0^2, \lambda_0} \\
&= \mu^{N\frac{D-2}{2}} \left( \frac{1}{c_\pm} |g_E/\mu^2|^{\frac{1}{y_E}} \right)^{Nx_h} F_\pm^{(N)} \left( \mu(\vec{r}_i - \vec{r}_j) \frac{1}{c_\pm} |g_E/\mu^2|^{\frac{1}{y_E}} \right)
\end{aligned}$$

となって，$\lambda_0$ には依らなくなるのである．

ここで記述したスケーリング則の $\lambda_0$ 依存性は，第 7 章で Wilson のくりこみ群を使って正当化することができる．

## 5.6 運動量カットオフ

いままでは格子理論を使って連続理論を構成してきたが，この最後の節では運動量カットオフのある場を使う方法を説明しよう．カットオフとは，それより大きい値の存在しない最大値のことである．

格子を使った理論の構成と物理的には同等で，本質的な違いはない．単なる記法の違いだと思って構わない．しかし，場の理論で摂動論的なくりこみを学んだことのある人には，この表記方法のほうが，なじみやすいかもしれない．

連続空間上にスカラー場 $\phi(\vec{r})$ を導入する．ただしその Fourier 変換は，最大で運動量（波数）$\Lambda$ をもつものとする．

$$\phi(\vec{r}) = \int_{p<\Lambda} \frac{d^D p}{(2\pi)^D} \mathrm{e}^{i\vec{p}\cdot\vec{r}} \tilde{\phi}(\vec{p})$$

座標 $\vec{r}$ に対応する格子点を

$$\vec{n} = \Lambda \vec{r} \quad (\Lambda \equiv \mu \mathrm{e}^t)$$

## 第5章 ■ $D$ 次元スカラー理論

とし，格子点上の変数 $\phi_{\vec{n}}$ と $\phi(\vec{r})$ を

$$\phi_{\vec{n}} = \frac{1}{\Lambda^{\frac{D-2}{2}}} \phi(\vec{r})$$

によって同一視しよう．このとき，格子理論の Boltzmann の重みは

$$\begin{aligned}
S &= -\sum_{\vec{n}} \left( \frac{1}{2} \sum_{i=1}^{D} \left( \phi_{\vec{n}+\hat{i}} - \phi_{\vec{n}} \right)^2 + \frac{m_0^2}{2} \phi_{\vec{n}}^2 + \frac{\lambda_0}{4!} \phi_{\vec{n}}^4 \right) \\
&= -\frac{1}{\Lambda^D} \sum_{\vec{n}} \left[ \frac{1}{2} \sum_{i=1}^{D} \Lambda^2 \left( \phi(\vec{r}+\hat{i}/\Lambda) - \phi(\vec{r}) \right)^2 \right. \\
&\qquad\qquad\qquad \left. + m_0^2 \Lambda^2 \frac{1}{2} \phi(\vec{r})^2 + \lambda_0 \Lambda^{4-D} \frac{1}{4!} \phi(\vec{r})^4 \right] \\
&= -\int d^D r \left( \frac{1}{2} \sum_{i=1}^{D} \partial_i \phi(\vec{r}) \partial_i \phi(\vec{r}) + m_{\text{bare}}^2 \frac{1}{2} \phi(\vec{r})^2 + \lambda_{\text{bare}} \frac{1}{4!} \phi(\vec{r})^4 \right)
\end{aligned}$$

と，連続空間の記法を使って書き直すことができる．ただし，ここで

$$\begin{cases} m_{\text{bare}}^2 \equiv m_0^2 \Lambda^2 \\ \lambda_{\text{bare}} \equiv \lambda_0 \Lambda^{4-D} \end{cases}$$

である．

よって，連続極限は，新しい記法を使って，

$$\boxed{\langle \phi(\vec{r}_1) \cdots \phi(\vec{r}_N) \rangle_{g_E;\mu} \equiv \lim_{\Lambda \to \infty} \left( \frac{\Lambda}{\mu} \right)^{\frac{N}{2}\eta} \langle \phi(\vec{r}_1) \cdots \phi(\vec{r}_N) \rangle_{m_{\text{bare}}^2, \lambda_{\text{bare}}}}$$

と表すことができる．ただし

$$\begin{cases} m_{\text{bare}}^2 = \Lambda^2 m_0^2 = \Lambda^2 m_{0,\text{cr}}^2(\lambda_0) + (\Lambda/\mu)^{2-y_E} g_E \\ \lambda_{\text{bare}} = \Lambda^{4-D} \lambda_0 \end{cases}$$

である．$m_{\text{bare}}^2$ は $\Lambda^2$ のオーダーで発散し，$\lambda_{\text{bare}}$ は $\Lambda^{4-D}$ のオーダーで発散する．$D=3$ では

$$y_E \simeq 1.6 \quad (D=3)$$

だから，$m_{\text{bare}}^2$ の第2項も発散するが，第1項ほどは大きくない．

スカラー場の異常次元 $\eta$ は

$$\eta \equiv 2x_h - (D-2) > 0$$

で定義され，常に正であることが知られている．第 3 章で紹介したように，3 次元の場合には，この異常次元は非常に小さく

$$\eta \simeq 0.03 \quad (D=3)$$

程度である．

格子理論をもとに連続極限を構成する際には，くりこみにつきものの**発散**が登場しないので，いままで不思議に思っていた読者もあるだろう．運動量カットオフ $\Lambda$ のある場を使って，理論を書き直すと，$\Lambda \to \infty$ でパラメター $m_{\text{bare}}^2$ と $\lambda_{\text{bare}}$ とがともに発散してしまうことがわかった．しかし，この発散は，$m_{\text{bare}}^2$ が質量次元 2 をもち，また $\lambda_{\text{bare}}$ が質量次元 $4-D$ をもつことによる発散であって，大した問題ではない．重要なのは，$\Lambda \to \infty$ の極限で，理論の相関長が有限に保たれるようにパラメターの $\Lambda$ 依存性を調整しなければならないことである．

$$m_{\text{bare}}^2 = \Lambda^2 m_{0,\text{cr}}^2(\lambda_0) + g_E \left(\frac{\Lambda}{\mu}\right)^{2-y_E}$$

その調整を定量的にコントロールするのが，パラメター $g_E$ である．

ここで見たパラメターの $\Lambda$ 依存性は，摂動論を使っては得られない．3 次元の $\phi^4$ 理論の摂動論に現れるパラメターの発散は，第 8 章で説明するが，それを読むには，まず第 7 章を読んでおいたほうがよい．

## 【まとめ】——第 5 章

### ■ 1. Boltzmann の重み

$D$ 次元 $\phi^4$ 理論（$2 \leq D < 4$）は立方格子上で

$$S = -\sum_{\vec{n}} \left\{ \frac{1}{2} \sum_{i=1}^{D} (\phi_{\vec{n}+\hat{i}} - \phi_{\vec{n}})^2 + \frac{m_0^2}{2} \phi_{\vec{n}}^2 + \frac{\lambda_0}{4!} \phi_{\vec{n}}^4 \right\}$$

と定義される．$\phi_{\vec{n}}$ は任意の実数値をとる．

## ■ 2. $Z_2$ 対称性

Boltzmann の重み $S$ は $Z_2$ 変換の下で不変.

$$(\forall \vec{n}) \quad \phi_{\vec{n}} \longrightarrow -\phi_{\vec{n}}$$

## ■ 3. 臨界点

与えられた $\lambda_0 > 0$ に対して, $m_0^2$ の臨界値 $m_{0,\mathrm{cr}}^2(\lambda_0)$ が決まる.

## ■ 4. ふたつの相

$m_0^2 > m_{0,\mathrm{cr}}^2(\lambda_0)$ では $Z_2$ が保たれ, $m_0^2 < m_{0,\mathrm{cr}}^2(\lambda_0)$ では $Z_2$ が自発的に破れる.

## ■ 5. 臨界点近傍での相関長

$m_0^2 \simeq m_{0,\mathrm{cr}}^2(\lambda_0)$ のとき, 相関長は

$$\xi \simeq z(\lambda_0) c_{\pm} |m_0^2 - m_{0,\mathrm{cr}}^2(\lambda_0)|^{-\frac{1}{y_E}}$$

と与えられる.

## ■ 6. スケーリング則

臨界点の近傍で, スケーリング則

$$\langle \phi_{\vec{n}_1} \cdots \phi_{\vec{n}_N} \rangle_{m_0^2, \lambda_0} \approx Z(\lambda_0)^{\frac{N}{2}} \xi^{-Nx_h} F_{\pm}^{(N)} \left( \frac{\vec{n}_i - \vec{n}_j}{\xi} \right)$$

が成り立つ.

## ■ 7. 連続極限の定義

連続極限は,

$$\langle \phi(\vec{r}_1) \cdots \phi(\vec{r}_N) \rangle_{g_E; \mu}$$
$$\equiv \mu^{D\frac{D-2}{2}} Z(\lambda_0)^{-\frac{N}{2}} \lim_{t \to \infty} \mathrm{e}^{Nx_h t} \langle \phi_{\vec{r}_1 \mu \mathrm{e}^t} \cdots \phi_{\vec{r}_N \mu \mathrm{e}^t} \rangle_{m_0^2, \lambda_0}$$

で定義される．ただし
$$m_0^2 = m_{0,\mathrm{cr}}^2(\lambda_0) + z(\lambda_0)^{y_E} \frac{g_E}{\mu^2} \mathrm{e}^{-y_E t}$$

■ **8. 相関関数の連続極限**

相関関数の連続極限は，スケーリング関数で与えられる．
$$\langle \phi(\vec{r}_1) \cdots \phi(\vec{r}_N) \rangle_{g_E;\mu} = \frac{1}{\xi(g_E)^{Nx_h}} F_{\pm}^{(N)}\left(\frac{\vec{r}_i - \vec{r}_j}{\xi(g_E)}\right)$$
ただし相関長は
$$\xi(g_E) = c_{\pm} \left|g_E/\mu^2\right|^{-\frac{1}{y_E}}$$
と与えられる．

■ **9. くりこみ群方程式**

相関関数の連続極限は，くりこみ群方程式を満たす．
$$\left(-\mu\frac{\partial}{\partial \mu} + (y_E - 2)g_E \frac{\partial}{\partial g_E} - \frac{N}{2}\eta\right)\langle \phi(\vec{r}_1) \cdots \phi(\vec{r}_N) \rangle_{g_E;\mu} = 0$$
ここで $\eta \equiv 2x_h - 1$．これはまた
$$\langle \phi(\vec{r}_1 \mathrm{e}^t) \cdots \phi(\vec{r}_N \mathrm{e}^t) \rangle_{g_E;\mu} = \mathrm{e}^{-Nx_h t} \langle \phi(\vec{r}_1) \cdots \phi(\vec{r}_N) \rangle_{g_E \mathrm{e}^{y_E t};\mu}$$
とも書き直せる．

■ **10. 運動量カットオフ**

運動量カットオフ $\Lambda$ を使って表した Boltzmann の重みは，
$$S = -\int d^D r \left[\frac{1}{2}\sum_{i=1}^{D}(\partial_i \phi(\vec{r}))^2 + m_{\mathrm{bare}}^2 \frac{\phi(\vec{r})^2}{2} + \lambda_{\mathrm{bare}} \frac{\phi(\vec{r})^4}{4!}\right]$$
で与えられる．ただし
$$\begin{cases} m_{\mathrm{bare}}^2 = \Lambda^2 m_0^2 \\ \lambda_{\mathrm{bare}} = \Lambda^{4-D}\lambda_0 \end{cases}$$
は $\Lambda \to \infty$ で発散する．

# 第6章
# 普遍性

普遍性は，臨界現象と連続極限にとって，
指導原理ともいえるくらい大事な性質である．

## 第6章 普遍性

van der Waals（ファンデルワールス）の状態方程式を使って，普遍性の概念を導入してから，連続極限にとって重要な，スケーリング則の普遍性を説明しよう．

### 6.1 van der Waals の状態方程式

気体と液体の相をもつ典型的な系の相図を描くと，図 6.1 のようになる．曲線は，液体状態と気体状態が共存する蒸気曲線である．蒸気曲線を越えると単位質量あたりの体積が不連続に変化する．曲線にそって，気体の体積を $V_g(T)$，液体の体積を $V_l(T)$ と表すと，不連続性は

$$\Delta V(T) \equiv V_g(T) - V_l(T) \geq 0$$

で与えられる．不連続性は温度上昇に伴って小さくなり，臨界温度 $T_{\mathrm{cr}}$ でゼロになる．

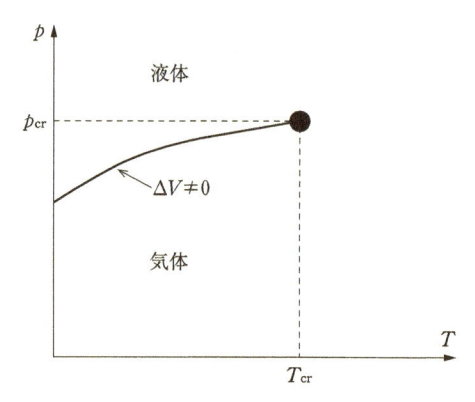

**図 6.1** $p = p_v(T)$ で与えられる蒸気曲線上，液体と気体が共存する．蒸気曲線に沿って，単位質量あたりの体積 $V$ には不連続性 $\Delta V$ がある．

この相図を説明するために van der Waals が導入した状態方程式は，圧力を $p$，温度を $T$，単位質量あたりの体積を $V$ として

$$\left(p + \frac{a}{V^2}\right)(V - b) = T$$

と与えられる[*1]. ただし, $a, b$ は正定数である. $a$ は分子間引力を表し, $b$ は分子の大きさを表す.

図 6.1 で, 黒点で表される臨界点は,

$$\begin{cases} p = p_{\mathrm{cr}} \equiv \frac{1}{27}\frac{a}{b^2} \\ T = T_{\mathrm{cr}} \equiv \frac{8}{27}\frac{a}{b} \\ V = V_{\mathrm{cr}} \equiv 3b \end{cases}$$

で与えられる.

$p > p_{\mathrm{cr}}$ では液体と気体の区別がなくなって, 圧力を一定にして液体の温度を徐々にあげると, 連続的に $V$ が大きくなるだけで, いつのまにか気体と区別できなくなってしまう. 同様に, $T > T_{\mathrm{cr}}$ の場合も, 温度を一定にして気体の圧力を徐々に上げると, 連続的に $V$ が小さくなって, いつのまにか液体と区別できなくなってしまう.

一方, $T < T_{\mathrm{cr}}$ の領域では, 蒸気曲線を境に $V$ は不連続性 $\Delta V$ (気体と液体の体積の差) をもち, 温度を一定にして気体の圧力を上げていくと, $p = p_v(T)$ のところで気体は液化されはじめる. すべて液体になって初めて, 圧力が再び上昇し始める. つまり, $p = p_v(T)$ で **1 次相転移** が起こっている. 臨界点は, この 1 次相転移が終わる点である.

系が違えば状態方程式が異なるように, van der Waals の状態方程式は $a, b$ に依存する. しかし, 圧力, 体積, 温度すべてを臨界の値を単位に表すと, 状態方程式から, 自由パラメターがなくなる.

$$\left(p^* + \frac{3}{V^{*2}}\right)\left(V^* - \frac{1}{3}\right) = \frac{8}{3}T^*$$

ただし

$$p^* \equiv \frac{p}{p_{\mathrm{cr}}}, \quad T^* \equiv \frac{T}{T_{\mathrm{cr}}}, \quad V^* \equiv \frac{V}{V_{\mathrm{cr}}}$$

である. つまり状態方程式は, 系に依らず, **普遍的** になるのである.

特に臨界点の近傍では, van der Waals の状態方程式は

---

[*1] van der Waals の状態方程式については, 標準的な熱力学の教科書, たとえば E. Fermi の『熱力学』(加藤正昭訳, 三省堂) を参照されたい.

として

$$\delta p \equiv p^* - 1, \quad \delta T \equiv T^* - 1, \quad \delta V \equiv V^* - 1$$

として

$$\delta p = 4\delta T - 6\delta T \cdot \delta V + 9\delta T \cdot (\delta V)^2 - \frac{3}{2}(\delta V)^3$$

と近似できる．これを使って，圧縮率

$$-\left(\frac{\partial V^*}{\partial p^*}\right)_T \propto \frac{1}{|\delta T|}$$

および $\delta T < 0$ における不連続性

$$\Delta V^* \simeq 4\sqrt{-\delta T}$$

を得ることができる．導出は少し長いから，この章の補説に回すことにする．

この結果を，第 3.2 節で平均場近似を使って求めた 3 次元 Ising 模型の磁化率と自発磁化

$$\begin{cases} \left(\frac{\partial v}{\partial H_e}\right)_T & \propto \frac{1}{|T - T_{\rm cr}|} \\ v|_{H_e = 0} & \propto \sqrt{T_{\rm cr} - T} \end{cases}$$

と比べると，類似性が明らかである．液体 – 気体系と Ising 模型の類似性については，次節でさらに考える．

## 6.2 格子気体

van der Waals の状態方程式は，ふたつしかパラメターをもたない．したがって，ここでいう普遍性は，単に $a, b$ のかわりに $p_{\rm cr}$ と $T_{\rm cr}$ をパラメターにしただけのようにも思えるかもしれない．

しかし，普遍性は，臨界現象すべてに成り立つ一般的な性質である．系の臨界点近傍での振る舞いは，系の大まかな性質にしか依らず，系の詳細とは無関係になる．たとえば，第 3 章で扱った 3 次元 Ising 模型と第 5 章で扱った 3 次元 $\phi^4$ 模型は，臨界点の近傍で，共通の振る舞いを示す．これは驚くべきことのようであるが，模型の類似性を考えると当然といえるだろう[*2]．3 次元 Ising 模

---

[*2] 3 次元 Ising 模型が 3 次元 $\phi^4$ 理論と同じ連続極限を与えることは，さらに第 7 章で詳しく議論する．

型と 3 次元 $\phi^4$ 模型は，ともに 3 次元空間で定義されたスカラー変数の理論であり，$Z_2$ 不変である．

少し意外なのは，分子気体の臨界現象が 3 次元 Ising 模型の臨界現象と共通であることである．実際に，Ising 模型に平均場近似を応用して得られる臨界指数が，van der Waals 状態方程式の臨界指数と同じであることを前節で導いた．この臨界現象の共通性は，Ising 模型が強磁性体だけでなく，気体の模型（格子気体と呼ばれる）でもあることから理解できる．つまり，Ising 模型のスピン変数 $\sigma_{\vec{n}}$ を次のように解釈することができる．

| 強磁性体 | | 格子気体 |
|---|---|---|
| スピン上向き | $\sigma_{\vec{n}} = 1$ | 気体分子が $\vec{n}$ にある |
| スピン下向き | $\sigma_{\vec{n}} = -1$ | 気体分子が $\vec{n}$ にない |

そうすると，化学ポテンシャル $\mu$ のもとでの，格子気体の Boltzmann の重みは，

$$S = \sum_{\vec{n}} \left\{ K \sum_{i=1}^{3} \sigma_{\vec{n}} \sigma_{\vec{n}+\hat{i}} + \mu \frac{1}{2} (\sigma_{\vec{n}} + 1) \right\}$$

となる．これを外磁場 $H_e$ のもとでの Ising 模型の Boltzmann の重み

$$S = \sum_{\vec{n}} \left\{ K \sum_{i=1}^{3} \sigma_{\vec{n}} \sigma_{\vec{n}+\hat{i}} + H_e \sigma_{\vec{n}} \right\}$$

と比較すると，$\frac{\mu}{2}$ は $H_e$ に対応することがわかる．

したがって，スピン変数の平均は，分子の平均数密度に対応し，$\langle \sigma \rangle > 0$ を液体相，$\langle \sigma \rangle < 0$ を気体相と解釈することができる．さらに $n$ を分子数密度として，

$$\frac{\partial}{\partial \mu} \langle \sigma \rangle \propto \left( \frac{\partial n}{\partial \mu} \right)_T \propto (-) \frac{1}{V} \left( \frac{\partial V}{\partial p} \right)_T$$

だから，磁化率は，圧縮率に対応することがわかる．

よって，格子気体は，Ising 模型と同値である．実際の気体 – 液体系の臨界現象が，格子気体のそれと同じならば，気体 – 液体系の臨界現象は Ising 模型の臨界現象と同じであることになる．

|  | Ising 模型 |  | 格子気体 |
|---|---|---|---|
| 外磁場 | $H_e$ | 化学ポテンシャル | $\mu = 2H_e$ |
| 磁化 | $v \equiv \langle \sigma_{\vec{n}} \rangle$ | 数密度 | $n \equiv \frac{1}{2}(\langle \sigma_{\vec{n}} \rangle + 1)$ |
| 磁化率 | $\frac{\partial v}{\partial H_e}$ | 圧縮率 | $\frac{\partial n}{\partial \mu}$ |

**表 6.1** Ising 模型と格子気体の対応表.

臨界現象を共有する系は,「同じ**普遍類**に属する」という.したがって,同じ普遍類に属する系は,すべて同じ臨界指数をもつことになる.気体 – 液体系にとっての van der Waals の状態方程式は,Ising 模型にとっての平均場近似にあたることもわかった.

普遍性は,第 7 章で Wilson のくりこみ群を使って導出する.同じ普遍類に属する系は,すべて同じ不動点を共有することになる.臨界点にある理論に Wilson のくりこみ群変換を作用させると,最終的にその不動点に到達する.

## 6.3 スケーリング則の普遍性

スケーリング則について普遍性の帰結をまとめると,次のようになる.

1. 同じ普遍類に属する模型は,共通の臨界指数 $x_h, y_E$ をもつ.
2. 同じ普遍類に属する模型は,変数の規格化の違いを除けば,共通のスケーリング関数をもつ.

したがって,気体 – 液体系,3 次元 Ising 模型と $\phi^4$ 理論は,同じ臨界指数 $x_h, y_E$ によって臨界現象が記述される.

- 気体 – 液体系

$$\begin{cases} \Delta V & \sim (T_{\mathrm{cr}} - T)^{\frac{x_h}{y_E}} & (\text{蒸気曲線上}) \\ \left(\dfrac{\partial V}{\partial p}\right)_T & \sim |T - T_{\mathrm{cr}}|^{-\frac{3-2x_h}{y_E}} & (T\text{ 一定}) \end{cases}$$

- 3 次元 Ising 模型

$$\begin{cases} \langle \sigma_{\vec{n}} \rangle_K & \sim \quad (K - K_{\mathrm{cr}})^{\frac{x_h}{y_E}} \quad (K > K_{\mathrm{cr}}) \\ \sum_{\vec{n}} \langle \sigma_{\vec{n}} \sigma_{\vec{0}} \rangle_K & \sim \quad (K_{\mathrm{cr}} - K)^{-\frac{3-2x_h}{y_E}} \quad (K < K_{\mathrm{cr}}) \end{cases}$$

- 3 次元 $\phi^4$ 模型

$$\begin{cases} \langle \phi_{\vec{n}} \rangle_{m_0^2, \lambda_0} & \sim \quad (m_{0,\mathrm{cr}}^2(\lambda_0) - m_0^2)^{\frac{x_h}{y_E}} \quad (m_0^2 < m_{0,\mathrm{cr}}^2(\lambda_0)) \\ \sum_{\vec{n}} \langle \phi_{\vec{n}} \phi_{\vec{0}} \rangle_{m_0^2, \lambda_0} & \sim \quad (m_0^2 - m_{0,\mathrm{cr}}^2(\lambda_0))^{-\frac{3-2x_h}{y_E}} \quad (m_0^2 > m_{0,\mathrm{cr}}^2(\lambda_0)) \end{cases}$$

相関長は，気体－液体系に対しても数密度の相関関数によって定義することができる．

$$\langle n(\vec{r}) n(\vec{0}) \rangle_{T,p} \sim \exp\left( -\frac{r}{\xi(T,p)} \right)$$

圧力を臨界圧力に保って，相関長の温度依存性を見ると

$$\xi(T, p_{\mathrm{cr}}) \approx 定数 \times c_\pm |T - T_{\mathrm{cr}}|^{-\frac{1}{y_E}}$$

となる．同様に，3 次元 Ising 模型について

$$\xi(K) \approx c_\pm |K - K_{\mathrm{cr}}|^{-\frac{1}{y_E}}$$

および $\lambda_0$ を一定に保った 3 次元 $\phi^4$ 模型について，

$$\xi(m_0^2, \lambda_0) \approx 定数 \times c_\pm |m_0^2 - m_{0,\mathrm{cr}}^2(\lambda_0)|^{-\frac{1}{y_E}}$$

が成り立つ．ここで $c_\pm$ はすべて共通である．

3 次元 Ising 模型の相関関数について成り立つスケーリング則は，$K \simeq K_{\mathrm{cr}}$ のとき

$$\langle \sigma_{\vec{n}_1} \cdots \sigma_{\vec{n}_N} \rangle_K \approx \frac{1}{\xi^{N x_h}} F_\pm^{(N)} \left( \frac{\vec{n}_i - \vec{n}_j}{\xi} \right)$$

と与えられ，また 3 次元 $\phi^4$ 理論のスケーリング則は，$m_0^2 \simeq m_{2,\mathrm{cr}}^2(\lambda_0)$ のとき

$$\langle \phi_{\vec{n}_1} \cdots \phi_{\vec{n}_N} \rangle_{m_0^2, \lambda_0} \approx Z(\lambda_0)^{\frac{N}{2}} \frac{1}{\xi^{N x_h}} F_\pm^{(N)} \left( \frac{\vec{n}_i - \vec{n}_j}{\xi} \right)$$

と与えられる．ここでスケーリング関数 $F_\pm^{(N)}$ は共通である．

スケーリング関数は，相関関数の連続極限を与えるから，スケーリング則の普遍性は，そのまま連続極限の普遍性につながる．したがって

$$\langle \phi(\vec{r}_1) \cdots \phi(\vec{r}_N) \rangle_{g_E;\mu} = \mu^{\frac{N}{2}} \lim_{t \to \infty} e^{Nx_h t} \langle \sigma_{\mu \vec{r}_1 e^t} \cdots \sigma_{\mu \vec{r}_N e^t} \rangle_K$$
$$= \mu^{\frac{N}{2}} Z(\lambda_0)^{-\frac{N}{2}} \lim_{t \to \infty} e^{Nx_h t} \langle \phi_{\mu \vec{r}_1 e^t} \cdots \phi_{\mu \vec{r}_N e^t} \rangle_{m_0^2, \lambda_0}$$

となる．ただし，ここで

$$\begin{cases} K &= K_{\mathrm{cr}} - \dfrac{g_E}{\mu^2} e^{-y_E t} \\ m_0^2 &= m_{0,\mathrm{cr}}^2(\lambda_0) + z(\lambda_0)^{y_E} \dfrac{g_E}{\mu^2} e^{-y_E t} \end{cases}$$

である．Ising模型と$\phi^4$模型の連続極限の違いは，スカラー場とパラメーター $g_E$ の規格化によって打ち消すことができる．

# 第6章 補説

### ◆van der Waals 状態方程式の臨界指数

van der Waals の状態方程式を臨界点の近傍で近似して得られる

$$p = 4T - 6TV + 9TV^2 - \frac{3}{2}V^3$$

について考えよう．ここで $p, T, V$ はすべて臨界点の値 1 との微小な差であるから，符号は正にも負にもなり得ることに注意しよう．計算の便宜のために

$$V' \equiv V + 2T$$

体積を温度に比例してシフトする．$T$ の 2 次以上は無視すると $V'^2$ の項は消えて，状態方程式は

$$p = 4T - 6TV' - \frac{3}{2}V'^3$$

となる．横軸にシフトした体積 $V'$，縦軸に圧力 $p$ をとって，等温度曲線をプロットすると，図 6.2 のようになる．

$T < 0$ の場合を考えよう．液体は $V < 0$，気体は $V > 0$ を満たす．液体としての最大の体積を $V'_l(T)$，気体としての最小の体積を $V'_g(T)$ とすると，体積の不連続性は，

## 第 6 章 補説

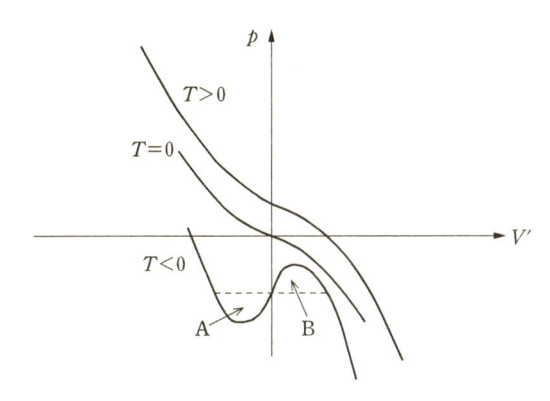

**図 6.2** $V' = V + 2T$ は体積を温度に比例してシフトして得られる．臨界温度以下の場合 $T < 0$，破線で表される蒸気圧 $p_v(T)$ は A と B の面積が等しくなるように決まる．

$$\Delta V(T) \equiv V_g(T) - V_l(T) = V_g'(T) - V_l'(T)$$

となる．気体と液体が共存するには，Gibbs（ギブス）の自由エネルギーが等しくなければならない．共存する圧力を $p_v(T)$ とすると，液体と気体の Gibbs エネルギーは Helmholtz（ヘルムホルツ）エネルギーによって

$$\begin{aligned} G_l(T, p_v(T)) &= F_l(T, V_l(T)) + V_l(T) p_v(T) \\ G_g(T, p_v(T)) &= F_g(T, V_g(T)) + V_g(T) p_v(T) \end{aligned}$$

と表される．ここで $G_l = G_g$ より

$$F_l - F_g = (V_g - V_l) p_v = (V_g' - V_l') p_v$$

でなければならない．一方，

$$F_l(T, V_l(T)) - F_g(T, V_g(T)) = -\int_{V_l(T)}^{V_g(T)} p\, dV = -\int_{V_l'(T)}^{V_g'(T)} p\, dV'$$

だから $p_v(T)$ は

$$\int_{V_l'}^{V_g'} dV'\, (p_v(T) - p) = 0$$

によって決まる．ところで

$$p - 4T = -6TV' - \frac{3}{2}V'^3 = -\frac{3}{2}V'\left(V'^2 + 4T\right)$$

は $V'$ の奇関数だから,明らかに

$$p_v(T) = 4T$$

である.

これより $T < 0$ では,蒸気曲線 $p = p_v(T) = 4T$ にそって気体と液体の体積は,

$$V'_g(T) = -2\sqrt{-T}, \quad V'_l(T) = 2\sqrt{-T}$$

すなわち

$$V_g(T) = -2\sqrt{-T} - 2T, \quad V_l(T) = 2\sqrt{-T} - 2T$$

と得られる.したがって

$$\Delta V(T) = 4\sqrt{-T}$$

である.

つぎに等温圧縮率を考えよう.

$$\left(\frac{\partial V}{\partial p}\right)_T = \left(\frac{\partial V'}{\partial p}\right)_T = \frac{1}{\left(\frac{\partial p}{\partial V'}\right)_T}$$

状態方程式より,

$$\left(\frac{\partial p}{\partial V'}\right)_T = -6T - \frac{9}{2}V'^2$$

したがって $T > 0$ の場合,$V' = 0$ を考えると,

$$-\left(\frac{\partial V}{\partial p}\right)_T = \frac{1}{6T} \propto \frac{1}{T}$$

を得る.一方,$T < 0$ の場合,蒸気曲線上 $V'^2 = -4T$ を考えると,

$$-\left(\frac{\partial V}{\partial p}\right)_T = \frac{1}{-12T} \propto \frac{1}{-T}$$

を得る.

## 【まとめ】——第 6 章

### ■ 1. 臨界現象の普遍性
　同じ普遍類に属する系は，臨界現象を共有する．したがって同じ臨界指数をもつ．

### ■ 2. スケーリング則の普遍性
　同じ普遍類に属する 3 次元 Ising 模型と 3 次元 $\phi^4$ 理論の相関関数は，同じスケーリング則にしたがう．つまりスケーリング関数を共有する．

### ■ 3. 連続極限の普遍性
　相関関数の連続極限は，スケーリング関数によって表される．よって 3 次元 Ising 模型と 3 次元 $\phi^4$ 理論は，同じ連続極限をもつ．

# 第7章
# Wilsonのくりこみ群

いよいよWilsonのくりこみ群を導入する.
くりこみを根本的に理解するには,避けて通れない関門である.
通れば素晴らしい展望が開ける.

連続極限を理解する上で重要な役割を果たすものがふたつあることが，今までの説明でわかったと思う．そのふたつとは，

1. 臨界点近傍でスケーリング則が成り立つこと
2. スケーリング則が普遍的であること

である．Wilson はこの両方を彼の名で知られるくりこみ群方程式を使って導いた．くりこみの理解には Wilson のくりこみ群が不可欠である．

## 7.1　Wilson のくりこみ群変換

　Wilson のくりこみ群変換を導入するには，運動量カットオフをもつスカラー場を使うのがもっとも便利である．運動量カットオフ $\Lambda$ をもつスカラー場を

$$\phi(\vec{r}) = \int_{p<\Lambda} \frac{d^D p}{(2\pi)^D} e^{i\vec{p}\cdot\vec{r}} \tilde{\phi}(p)$$

とする．つまり，スカラー場は，$\Lambda$ より小さい運動量しかもたない．

　Boltzmann の重みは $\phi$ の汎関数 $S[\phi]$ で与えられるとしよう．この汎関数には物理的にいろいろ制限がつくかもしれないが，ここでは $Z_2$ 対称性

$$S[-\phi] = S[\phi]$$

のほかに，運動項の規格化の制限だけをつけよう．この制限について説明するために，$S[\phi]$ を場の微分の数で展開することを考える．

$$S[\phi] = -\int d^D r \left[ V(\phi(\vec{r})) + \frac{1}{2}\sum_{i=1}^{D} \partial_i \phi \partial_i \phi \cdot K(\phi(\vec{r})) + \cdots \right]$$

ここでふたつ以上の微分を含む項は省略した．最初の項は微分をまったく含まない項，2 番目の項は微分をふたつ含む項である．（空間の回転対称性を仮定し，ひとつだけ微分を含む項はないものとした．）係数 $K(\phi)$ を $\phi$ の冪で展開すると，

$$K(\phi) = k_0 + k_1 \frac{\phi^2}{2} + k_2 \frac{\phi^4}{4!} + \cdots$$

となる．運動項の規格化とは，

$$k_0 = 1$$

と制限することをいう．どんな $S[\phi]$ が与えられても，$k_0 > 0$ である限り，$\phi$ の規格化を変えることによって，必ず運動項を規格化できる．

さて，$\phi$ を運動量の領域に応じてふたつの部分に分けよう．

$$\phi(\vec{r}) = \underbrace{\int_{p<\Lambda e^{-\Delta t}} \frac{d^D p}{(2\pi)^D} e^{i\vec{p}\cdot\vec{r}} \tilde{\phi}(p)}_{=\phi_l(\vec{r})} + \underbrace{\int_{\Lambda e^{-\Delta t}<p<\Lambda} \frac{d^D p}{(2\pi)^D} e^{i\vec{p}\cdot\vec{r}} \tilde{\phi}(p)}_{=\phi_h(\vec{r})}$$

ここで $\Delta t > 0$ は微小とする．$\phi_l(\vec{r})$ は運動量カットオフ $\Lambda e^{-\Delta t} < \Lambda$ をもち，$\phi_h(\vec{r})$ は運動量が $\Lambda e^{-\Delta t}$ と $\Lambda$ の間の成分を含んでいる．分配関数は，

$$Z = \left( \prod_{|\vec{p}|<\Lambda} \int d\tilde{\phi}(\vec{p}) \right) \exp(S[\phi])$$

$$= \left( \prod_{|\vec{p}|<\Lambda e^{-\Delta t}} d\tilde{\phi}_l(\vec{p}) \right) \left( \prod_{\Lambda e^{-\Delta t}<|\vec{p}|<\Lambda} d\tilde{\phi}_h(\vec{p}) \right) \exp(S[\phi_l + \phi_h])$$

のように，まず $\phi_h$ について積分し，次に $\phi_l$ について積分して求めることができる．いま，$\phi_l$ の汎関数 $S'[\phi_l]$ を，$\phi_h$ についての積分

$$e^{S'[\phi_l]} \equiv \left( \prod_{\Lambda e^{-\Delta t}<|\vec{p}|<\Lambda} d\tilde{\phi}_h(\vec{p}) \right) \exp(S[\phi_l + \phi_h])$$

によって定義しよう．すると，分配関数は

$$Z = \left( \prod_{|\vec{p}|<\Lambda e^{-\Delta t}} d\tilde{\phi}_l(\vec{p}) \right) e^{S'[\phi_l]}$$

のように $\phi_l$ を積分して得られることになる．

したがって，$S'$ と $S$ は物理的に等価だといいたいところだが，少し問題がある．問題はふたつあり，ひとつは $S$ がカットオフ $\Lambda$ をもつ場の汎関数である一方で，$S'$ はそれより少し小さいカットオフ $\Lambda e^{-\Delta t}$ をもつ場の汎関数となっていることである．この違いを解消するのは簡単で，$\phi_l$ を変数変換して，

$$\phi'(\vec{r}) \equiv \phi_l(\vec{r} e^{\Delta t})$$

を新しく変数とすればよい．$\phi'$ の運動量が $\Lambda$ 以下であることは次のようにしてわかる．

$$\phi'(\vec{r}) = \int_{p<\Lambda e^{-\Delta t}} \frac{d^D p}{(2\pi)^D} e^{i\vec{p}\cdot\vec{r}e^{\Delta t}} \tilde{\phi}_l(p)$$

$$= \int_{p<\Lambda} \frac{d^D p}{(2\pi)^D} e^{i\vec{p}\cdot\vec{r}} \underbrace{e^{-D\Delta t}\tilde{\phi}_l\left(pe^{-\Delta t}\right)}_{=\tilde{\phi}'(p)}$$

$$= \int_{p<\Lambda} \frac{d^D p}{(2\pi)^D} e^{i\vec{p}\cdot\vec{r}} \tilde{\phi}'(p)$$

よって，Boltzmann の重みを $\phi'$ の汎関数として

$$S''[\phi'] \equiv S'[\phi_l]$$

と定義すれば，$S''$ はもともとの $S$ と同様にカットオフ $\Lambda$ をもつ場の汎関数になる．

こうして得られた $S''$ にも，まだひとつ問題がある．$S''$ を直接 $S$ と比べるわけにはいかないのである．なぜなら，$\phi'$ が正しく規格化されていないからである．一般に，$S''$ の運動項は 1 に規格化されていないだろう．そこで，運動項を規格化するために

$$\phi''(\vec{r}) \equiv (1+\Delta z/2)\phi'(\vec{r}) = (1+\Delta z/2)\phi_l\left(\vec{r}e^{\Delta t}\right)$$

とする．ここで，定数 $\Delta z$ は，

$$(R_{\Delta t}S)[\phi''] \equiv S''[\phi']$$

で定義される $R_{\Delta t}S$ が運動項の規格化条件を満たすようにとる．

以上，もともとの重み $S[\phi]$ から新しい重み $R_{\Delta t}S[\phi]$ を得る操作を説明した．どちらの汎関数もカットオフ $\Lambda$ をもつ場の汎関数であり，ともに運動項の規格化条件を満たしている．さらに，両者は同じ分配関数をもっている[*1]．

$$\left(\prod_{p<\Lambda} d\tilde{\phi}(p)\right) e^{S[\phi]} = \left(\prod_{p<\Lambda} d\tilde{\phi}(p)\right) e^{R_{\Delta t}S[\phi]}$$

---

[*1] ここで $\phi'$ を定数倍して $\phi''$ を得るときに積分要素が定数倍変わるが，その変化は無視してよい．

さらに，
$$\phi''(\vec{r}) = (1+\Delta z/2)\phi\left(\vec{r}\mathrm{e}^{\Delta t}\right)$$
から，相関関数の関係
$$\langle \phi(\vec{r}_1)\cdots\phi(\vec{r}_N)\rangle_{R_{\Delta t}S} \equiv \left(\prod_{p<\Lambda} d\tilde{\phi}(p)\right)\phi(\vec{r}_1)\cdots\phi(\vec{r}_N)\,\mathrm{e}^{R_{\Delta t}S[\phi]}$$
$$= \left(\prod_{p<\Lambda} d\tilde{\phi}(p)\right)\left(1+N\frac{\Delta z}{2}\right)\phi_l(\vec{r}_1\mathrm{e}^{\Delta t})\cdots\phi_l(\vec{r}_N\mathrm{e}^{\Delta t})\,\mathrm{e}^{S[\phi]}$$
$$= \left(1+N\frac{\Delta z}{2}\right)\langle \phi_l(\vec{r}_1\mathrm{e}^{\Delta t})\cdots\phi_l(\vec{r}_N\mathrm{e}^{\Delta t})\rangle_S$$

が得られる．ここで $N$ 個の点 $\vec{r}_1,\cdots,\vec{r}_N$ の相対距離はどれも $\frac{1}{\Lambda}$ に比べて大きいとすれば，運動量の高い成分 $\phi_h(\vec{r}_i)$ の相関はほとんど無視できて，

$$\langle \phi_l(\vec{r}_1\mathrm{e}^{\Delta t})\cdots\phi_l(\vec{r}_N\mathrm{e}^{\Delta t})\rangle_S = \langle \phi(\vec{r}_1\mathrm{e}^{\Delta t})\cdots\phi(\vec{r}_N\mathrm{e}^{\Delta t})\rangle_S$$

と考えてよいだろう*2．したがって，$S$ と $R_{\Delta t}S$ は分配関数を同じくするだけでなく，相対距離が $\frac{1}{\Lambda}$ にくらべて十分大きな $N$ 点に関しては，$N$ 点相関関数の間に

$$\boxed{\langle \phi(\vec{r}_1)\cdots\phi(\vec{r}_N)\rangle_{R_{\Delta t}S} = \left(1+N\frac{\Delta z}{2}\right)\langle \phi(\vec{r}_1\mathrm{e}^{\Delta t})\cdots\phi(\vec{r}_N\mathrm{e}^{\Delta t})\rangle_S}$$

という関係があることになる．

$S$ から $R_{\Delta t}S$ への変換 $R_{\Delta t}$ を **Wilson のくりこみ群変換** とよぶ．くりこみ群変換の物理的な意味は明らかである．$S$ と $R_{\Delta t}S$ の記述する物理は等価で，唯一の違いは長さを測るスケールが $\mathrm{e}^{\Delta t}$ 倍だけ異なることである．$R_{\Delta t}S$ にとっての長さ $r$ は $S$ にとっての長さ $r\mathrm{e}^{\Delta t}$ に対応する（図 7.1）．

いままで $\Delta t$ は微小としてきたが，変換を繰り返せば有限の $t>0$ について $R_t$ を

$$R_t \equiv \lim_{N\to\infty} \underbrace{R_{t/N}\cdots R_{t/N}}_{N\,\text{個}}$$

---

*2 より詳しい議論は，この章の補説 2 を参照されたい．

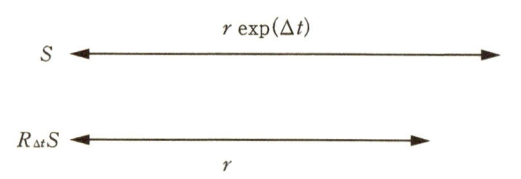

**図 7.1** $S$ にとっての長さ $re^{\Delta t}$ は，$R_{\Delta t}S$ にとっての長さ $r$ と等価である．

で定義することができる．$S_t = R_t S$ によって生成される汎関数の 1 パラメター族 $S_t$ は，Wilson のくりこみ群の**軌道**とよばれる．当然，

$$S_{t+\Delta t} = R_{\Delta t} S_t$$

が成り立つ．$\Delta t$ が無限小のとき

$$\gamma(S) \equiv \frac{1}{2} \lim_{\Delta t \to 0+} \frac{\Delta z}{\Delta t}$$

と定義すると，これは $S$ によって決まる実数で，スカラー場の**スケール次元**とよばれる．このスケール次元を使えば，有限の $t > 0$ について，相関関数の関係式は

$$\boxed{\langle \phi(\vec{r}_1) \cdots \phi(\vec{r}_N) \rangle_{S_t} = \exp\left(N \int_0^t d\tau\, \gamma(S_\tau)\right) \langle \phi(\vec{r}_1 e^t) \cdots \phi(\vec{r}_N e^t) \rangle_S}$$

と表すことができる．

## 7.2 不動点

規格化条件を満たす汎関数 $S$ の集合は無限次元空間をなす．この空間のことを**理論空間**とよぶ．任意の正数 $t$ について $R_t$ は理論空間上の写像をもたらす．この写像の下で理論 $S$ の相関長 $\xi(S)$ は

$$\boxed{\xi(R_t S) = e^{-t} \xi(S)}$$

を満たすことがすぐにわかる．これは

$$\left\langle \phi(\vec{r}) \phi(\vec{0}) \right\rangle_{R_t S} = \exp\left(2 \int_0^t d\tau\, \gamma(S_\tau)\right) \left\langle \phi(\vec{r} e^t) \phi(\vec{0}) \right\rangle_S$$

であるからである．つまり，$S$ の理論で距離が $\xi(S)$ 増えると相関関数が $1/\mathrm{e}$ 倍になるならば，$R_t S$ の理論では距離が $\mathrm{e}^{-t}\xi(S)$ だけ増えると相関関数が $1/\mathrm{e}$ 倍になる．

さて，任意の $t$ について，写像 $R_t$ のもとで不変な $S$ はあるだろうか？

$$(\forall t > 0) \quad R_t S = S$$

微小な $t$ について $S$ が不変であれば，これは満たされる．

$$R_{\Delta t} S = S$$

相関長を考えると，これより

$$\mathrm{e}^{-t}\xi(S) = \xi(S)$$

となり，解は

$$\xi(S) = 0, \quad +\infty$$

のふたつである．$\xi = 0$ はいまは考えない．これは場所の異なるスカラー場の間にまったく相関がない理論であって，質量が無限の粒子の場に対応する．いま興味のあるのは，もうひとつの解 $\xi = +\infty$ で，これは理論が臨界状態にあることを表している．

そこで，$\xi(S) = +\infty$ で定義される**臨界部分空間** $\mathcal{S}_\mathrm{cr}$ を考えてみよう．この部分空間に属するどの理論も臨界状態にある．しかし臨界状態を表す理論 $S$ は必ずしも不動点ではない．$\mathcal{S}_\mathrm{cr}$ に属する $S$ と $R_t S$ はともに臨界状態を表すが，$S = R_t S$ とは限らない．一方，不動点は $\mathcal{S}_\mathrm{cr}$ に属する．

不動点 $S^*$ の存在を仮定しよう．相関関数は

$$\langle \phi(\vec{r}_1)\cdots\phi(\vec{r}_N)\rangle_{S^*} = \mathrm{e}^{N x_h t} \langle \phi(\vec{r}_1 \mathrm{e}^t)\cdots\phi(\vec{r}_N \mathrm{e}^t)\rangle_{S^*}$$

を満たす．ただし

$$x_h \equiv \gamma(S^*)$$

とした．これは $S^*$ の表す物理がスケール変換のもとで不変であることを表している．座標を $\mathrm{e}^t$ 倍しても，場の規格化を変えるだけで，相関関数は変わらな

いわけである．特に $N=2$ の場合，
$$\left\langle \phi(\vec{r})\phi(\vec{0}) \right\rangle_{S^*} = e^{2x_h t} \left\langle \phi(\vec{r}e^t)\phi(\vec{0}) \right\rangle_{S^*}$$
だから，
$$\left\langle \phi(\vec{r})\phi(\vec{0}) \right\rangle_{S^*} \propto \frac{1}{r^{2x_h}}$$
となる．

## 7.3 くりこみ群変換の線形化

不動点 $S^*$ の近傍にある $S$ を考えよう．$S$ と $S^*$ の差をとると，
$$S[\phi] = S^*[\phi] + \delta S[\phi]$$
となり，汎関数 $\delta S$ は "小さい" と考える．微小な $\Delta t$ について $S$ を $R_{\Delta t}$ で変換しても $S^*$ の近傍にとどまるはずである．
$$R_{\Delta t} S[\phi] = S^*[\phi] + \Delta t \cdot (L \circ \delta S)[\phi]$$
ここで $L$ は汎関数 $\delta S[\phi]$ の線形変換である．つまり，$\alpha$ を任意の実数とし，$\delta S_1, \delta S_2$ を任意の微小汎関数として
$$L \circ (\alpha \delta S) = \alpha L \circ \delta S, \quad L \circ (\delta S_1 + \delta S_2) = L \circ \delta S_1 + L \circ \delta S_2$$
が成り立つ．

線形変換 $L$ が作用する対象は，運動量カットオフ $\Lambda$ をもつ場 $\phi$ の汎関数で，その運動項はゼロである．$L$ は対角化が可能であるとし，さらに固有値はすべて実数であると仮定しよう．
$$\begin{aligned} L \circ \mathcal{O}_E &= y_E \mathcal{O}_E \\ L \circ \mathcal{O}' &= y' \mathcal{O}' \\ L \circ \mathcal{O}'' &= y'' \mathcal{O}'' \\ \vdots &= \vdots \end{aligned}$$
ここで固有値については，$y_E$ のみ正とし，その他はすべて負と仮定する．負の固有値のうち，一番絶対値の小さい固有値を $y'$ とよぼう．
$$y_E > 0 > y' > y'' > \cdots$$

## 7.3 くりこみ群変換の線形化

固有汎関数を使って，$\delta S[\phi]$ を展開することができる．

$$\delta S[\phi] = g_E \mathcal{O}_E[\phi] + g' \mathcal{O}'[\phi] + g'' \mathcal{O}''[\phi] + \cdots$$

ここで係数はすべて実数である．カットオフ $\Lambda$ の巾を適当に使うことによって，係数はすべて無次元であるとしよう[*3]．$L$ の固有値が正である $\mathcal{O}_E$ の係数を**有意な**パラメーターとよび，そのほか $L$ の固有値が負である汎関数 $\mathcal{O}'$, $\mathcal{O}''$, $\cdots$ の係数を**無意な**パラメーターとよぶ[*4]．不動点によっては複数個有意なパラメーターがある場合もある．

上の展開を使って

$$L \circ \delta S = y_E g_E \mathcal{O}_E + y' g' \mathcal{O}' + y'' g'' \mathcal{O}'' + \cdots$$

を得る．いま Wilson のくりこみ群の軌道 $R_t S$ は $S^*$ の近傍にあるとして，

$$R_t S - S^* = g_E(t) \mathcal{O}_E + y'(t) \mathcal{O}' + \cdots$$

と展開すると，係数の $t$ 依存性は

$$\begin{aligned}
\frac{d}{dt} g_E(t) &= y_E \, g_E(t) \\
\frac{d}{dt} g'(t) &= y' \, g'(t) \\
\vdots &= \vdots
\end{aligned}$$

で与えられる．これを解いて，

$$g_E(t) = e^{y_E t} g_E(0), \quad g'(t) = e^{y' t} g'(0), \quad \cdots$$

を得る．$t$ が大きくなるにしたがって大きくなるのは有意な $g_E$ のみであり，無意なパラメーターはすべて小さくなる．無意なパラメーターの中では $g'$ が一番小さくなりにくい．$g_E$ を横軸，$g'$ を縦軸にプロットすると図 7.2 のようになる．

これまでパラメーター $g_E$, $g'$, $g''$, $\cdots$ は微小であり，不動点の微小な近傍にある理論に対応すると考えてきた．有限な近傍にこれらのパラメーターを拡張すると，Wilson のくりこみ群方程式は，つぎのように線形でなくなることが予想さ

---

[*3] 今後の議論では，これら係数が混ざることはないから，別に次元が違っていても構わないが，念のためすべて無次元とした．

[*4] 英語で，「有意な」は relevant，「無意な」は irrelevant という．

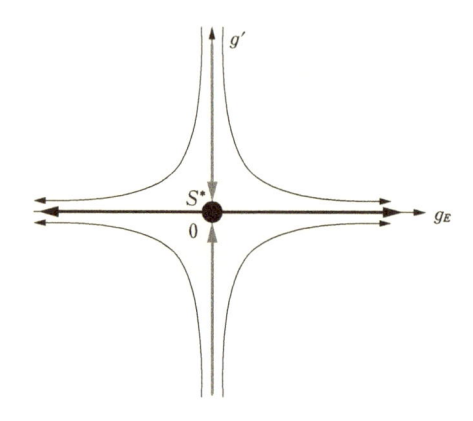

**図 7.2** 不動点の近傍で Wilson のくりこみ群の軌道をプロットする．$g'=0$（そのほかすべての無意なパラメターもゼロ）の軌道は唯一，不動点 $S^*$ から湧き出る軌道である．$g_E=0$ の軌道上，理論はすべて臨界である．

れる．

$$\begin{array}{rcl}\frac{d}{dt}g_E(t) &=& y_E\,g_E(t)+\cdots \\ \frac{d}{dt}g'(t) &=& y'\,g'(t)+\cdots \\ \vdots &=& \vdots \end{array}$$

しかし $g_E, g', \cdots$ を再定義すれば，有限な領域で Wilson のくりこみ群方程式を線形化できる．以下，この結果を仮定して議論を進めていこう[*5]．したがって $g_E, g', \cdots$ は微小である必要はなく，有限な値をとることができる．しかし $\delta S = S - S^*$ は，もはや $g_E, g', \cdots$ に線形ではない．

図 7.2 の横軸は $g_E$ 以外のパラメターがすべてゼロとなる理論空間の部分空間である．この部分空間はよく $\mathcal{S}_\infty$ と表される[*6]．理論空間の座標 $g_E, g', g'', \cdots$ が定義されている領域では，

---

[*5] パラメターが有限個の場合は，Poincaré（ポアンカレ）によって，数学的に証明されている（Poincaré の定理）．

[*6] この表記の意味を説明しよう．任意の $t>0$ について $S=R_t S'$ となるような $S'$ の存在する $S$ の集まりが $\mathcal{S}_\infty$ の定義である．$S$ の座標が $g_E$ の場合，$S'$ の座標は $g_E e^{-t}$ ととればよい．

$$\boxed{\mathcal{S}_\infty : g' = g'' = \cdots = 0}$$

で定義される．

一方，図 7.2 の縦軸は，

$$\boxed{\mathcal{S}_{\mathrm{cr}} : g_E = 0}$$

で定義される部分空間に属している．($g'$ をはじめ，ほかの無意な $g'', \cdots$ の値は任意である．)

この部分空間内の理論はすべて臨界状態を表している．なぜならば，$g_E = 0$ である理論は，Wilson のくりこみ群変換を続けていくと，最終的に $\xi = \infty$ の $\mathcal{S}^*$ に到達するからである．変換の軌道上，$\xi$ は減少するから，出発点の $\xi$ は無限でなければならない．したがって $g_E = 0$ で定義される部分空間は，前節で導入した臨界部分空間 $\mathcal{S}_{\mathrm{cr}}$ そのものである．

つまり，$\mathcal{S}_{\mathrm{cr}}$ 上の理論は，Wilson のくりこみ群変換 $R_t$ により $t \to \infty$ の極限で不動点に到達する．第 8 章で見るように，不動点が複数ある場合は，$\mathcal{S}_{\mathrm{cr}}$ 上の理論すべてが同じ不動点に到達するわけではない．

こうして不動点の近傍で Wilson のくりこみ群変換を考察することによって，ふたつの特別な理論部分空間が明らかになった．ひとつは，無意なパラメターがすべてゼロである 1 次元の部分空間 $\mathcal{S}_\infty$ である．これは $g_E$ をパラメターとしてもつ．もうひとつは，有意なパラメターがゼロである余次元 (codimension) 1 の臨界部分空間 $\mathcal{S}_{\mathrm{cr}}$ で，この空間に属する理論はすべて臨界状態を表している (図 7.3 参照)．

## 7.4 $\mathcal{S}_\infty$ 上の相関関数

特別な 1 次元部分空間 $\mathcal{S}_\infty$ に属する理論 $S(g_E)$ を考えよう．無意なパラメターはすべてゼロだから，この部分空間上の理論はたったひとつのパラメター $g_E$ をもっている．$S(g_E)$ の相関長を $\xi(g_E)$ と書くと，

$$\xi(g_E \mathrm{e}^{y_E t}) = \mathrm{e}^{-t} \xi(g_E)$$

だから，

$$\xi(g_E) = c_\pm \cdot |g_E|^{-\frac{1}{y_E}}$$

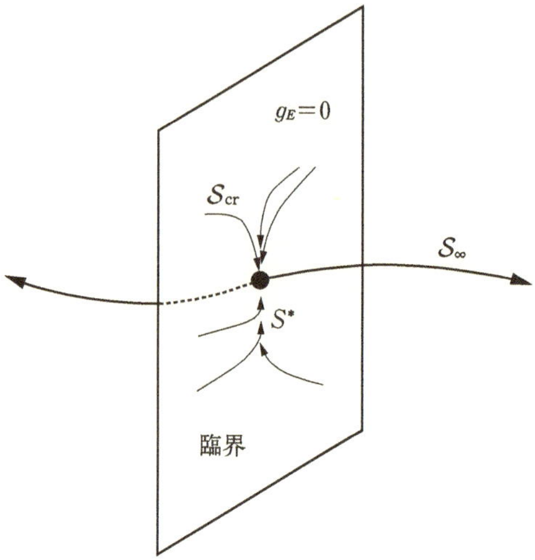

**図 7.3** 理論空間 $\mathcal{S}$ は，1 次元の部分空間 $\mathcal{S}_\infty$ と余次元 1 の部分空間 $\mathcal{S}_\mathrm{cr}$ をもつ．$\mathcal{S}_\infty$ 上の理論は有限な相関長をもつが，$\mathcal{S}_\mathrm{cr}$ 上の理論はすべて臨界状態にある．

を得る．ここで比例定数は，$g_E > 0$ のとき $c_+$，$g_E < 0$ のとき $c_-$ をとる．
簡単化した表記

$$\langle \cdots \rangle_{g_E} \equiv \langle \cdots \rangle_{S(g_E)}$$

を使うと，相関関数に対する Wilson のくりこみ群方程式は

$$\langle \phi(\vec{r}_1) \cdots \phi(\vec{r}_N) \rangle_{g_E \mathrm{e}^{y_E t}}$$
$$= \exp\left(N \int_0^t d\tau\, \gamma(g_E\, \mathrm{e}^{y_E \tau})\right) \langle \phi(\vec{r}_1 \mathrm{e}^t) \cdots \phi(\vec{r}_N \mathrm{e}^t) \rangle_{g_E}$$

となる．ここで，理論 $S(g_E)$ におけるスカラー場のスケール次元を $\gamma(g_E)$ と書いた．

上に挙げた Wilson のくりこみ群方程式の一般解は，

$$\boxed{\begin{aligned}&\langle\phi(\vec{r}_1)\cdots\phi(\vec{r}_N)\rangle_{g_E}\\&=\frac{1}{\xi(g_E)^{Nx_h}}\exp\left(N\int_0^{g_E}\frac{dg}{y_Eg}\left(\gamma(g)-x_h\right)\right)F_\pm^{(N)}\left(\frac{\vec{r}_i-\vec{r}_j}{\xi(g_E)}\right)\end{aligned}}$$

で与えられる．ここで $F_\pm^{(N)}$ は相対座標のみに依存する関数だが，くりこみ群方程式だけからは決まらない．これが解になっていることをチェックしよう．

$$\begin{aligned}\langle\phi(\vec{r}_1)\cdots\phi(\vec{r}_N)\rangle_{g_E\mathrm{e}^{y_Et}}&=\frac{1}{\xi(g_E\mathrm{e}^{y_Et})^{Nx_h}}\\&\times\exp\left(N\int_0^{g_E\mathrm{e}^{y_Et}}\frac{dg}{y_Eg}\left(\gamma(g)-x_h\right)\right)\cdot F_\pm^{(N)}\left(\frac{\vec{r}_i-\vec{r}_j}{\xi(g_E\mathrm{e}^{y_Et})}\right)\end{aligned}$$

ここで

$$\xi(g_E\mathrm{e}^{y_Et})=\mathrm{e}^{-t}\xi(g_E)$$

を使って，

$$\begin{aligned}\langle\phi(\vec{r}_1)\cdots\phi(\vec{r}_N)\rangle_{g_E\mathrm{e}^{y_Et}}&=\frac{\mathrm{e}^{Nx_ht}}{\xi(g_E)^{Nx_h}}\\&\times\exp\left(N\int_0^{g_E\mathrm{e}^{y_Et}}\frac{dg}{y_Eg}\left(\gamma(g)-x_h\right)\right)\cdot F_\pm^{(N)}\left(\frac{\vec{r}_i\mathrm{e}^t-\vec{r}_j\mathrm{e}^t}{\xi(g_E)}\right)\end{aligned}$$

を得る．さらに

$$\begin{aligned}&\int_0^{g_E\mathrm{e}^{y_Et}}\frac{dg}{y_Eg}\left(\gamma(g)-x_h\right)\\&=\int_0^{g_E}\frac{dg}{y_Eg}\left(\gamma(g)-x_h\right)+\int_{g_E}^{g_E\mathrm{e}^{y_Et}}\frac{dg}{y_Eg}\left(\gamma(g)-x_h\right)\\&=\int_0^{g_E}\frac{dg}{y_Eg}\left(\gamma(g)-x_h\right)+\int_{g_E}^{g_E\mathrm{e}^{y_Et}}\frac{dg}{y_Eg}\gamma(g)-x_ht\end{aligned}$$

となる．右辺第2項の積分変数を

$$g=g_E\mathrm{e}^{y_E\tau}$$

で定義される $\tau$ に変えると，

$$\int_{g_E}^{g_E e^{y_E t}} \frac{dg}{y_E g} \gamma(g) = \int_0^t d\tau\, \gamma(g_E e^{y_E \tau})$$

となるから，

$$\int_0^{g_E e^{y_E t}} \frac{dg}{y_E g} (\gamma(g) - x_h) = \int_0^{g_E} \frac{dg}{y_E g} (\gamma(g) - x_h) + \int_0^t d\tau\, \gamma(g_E e^{y_E \tau}) - x_h t$$

を得る．よって

$$\begin{aligned}
&\langle \phi(\vec{r}_1) \cdots \phi(\vec{r}_N) \rangle_{g_E e^{y_E t}} \\
&= \exp\left( N \int_0^t d\tau\, \gamma(g_E e^{y_E \tau}) \right) \\
&\quad \times \frac{1}{\xi(g_E)^{N x_h}} \exp\left( N \int_0^{g_E} \frac{dg}{y_E g} (\gamma(g) - x_h) \right) \cdot F_\pm^{(N)} \left( \frac{\vec{r}_i e^t - \vec{r}_j e^t}{\xi(g_E)} \right) \\
&= \exp\left( N \int_0^t d\tau\, \gamma(g_E e^{y_E \tau}) \right) \langle \phi(\vec{r}_1 e^t) \cdots \phi(\vec{r}_N e^t) \rangle_{g_E}
\end{aligned}$$

となって，Wilson のくりこみ群方程式の解になっていることがわかる．

特に，$g_E$ が小さいとき，$\gamma(g_E) \simeq x_h$ だから，近似的に

$$\langle \phi(\vec{r}_1) \cdots \phi(\vec{r}_N) \rangle_{g_E} \simeq \frac{1}{\xi(g_E)^{N x_h}} F_\pm^{(N)} \left( \frac{\vec{r}_i - \vec{r}_j}{\xi(g_E)} \right)$$

が成り立つことに注意しよう．

## 7.5　$\phi^4$ 理論が臨界であるための条件

不動点 $S^*$ の近傍にある理論 $S$ が臨界点であるための条件（臨界条件）が，

$$g_E = 0$$

であることを見た．これはたったひとつの条件である．ここで $\phi^4$ 理論を思い出そう．この理論にはふたつのパラメター $m_0^2, \lambda_0$ がある．仮に $\phi^4$ 理論がパラメター $g_E, g', g'', \cdots$ の定義された領域にあるとすると，これらのパラメターはすべて $m_0^2$ と $\lambda_0$ の関数として与えられる．

$$\begin{aligned}
g_E &= f(m_0^2, \lambda_0) \\
g' &= f_1(m_0^2, \lambda_0) \\
g'' &= f_2(m_0^2, \lambda_0) \\
\vdots &= \vdots
\end{aligned}$$

## 7.5 $\phi^4$ 理論が臨界であるための条件

よって $\phi^4$ 理論が臨界状態にあるための条件は,

$$f(m_0^2, \lambda_0) = 0$$

と与えることができる. よって, $m_{0,\mathrm{cr}}^2(\lambda_0)$ は, この方程式の解として,

$$f(m_{0,\mathrm{cr}}^2(\lambda_0), \lambda_0) = 0$$

と陰関数の形に表すことができる. $g_E = 0$ はひとつの条件だから, 1 自由度の制限を課すことになって, $m_0^2$ は $\lambda_0$ の関数として決まるのである.

ここでは $\phi^4$ 理論が, Wilson のくりこみ群変換を線形化する $g_E, g', g'', \cdots$ の定義されている領域にあると仮定したが, 十分大きな $t$ をとってくりこみ群変換 $R_t$ を施せば, 臨界状態に近い $\phi^4$ 理論は, $S^*$ の近傍に来る. したがって, 上の議論は $\phi^4$ 理論が $S^*$ から遠くても, 正しいことがわかる (図 7.4 参照).

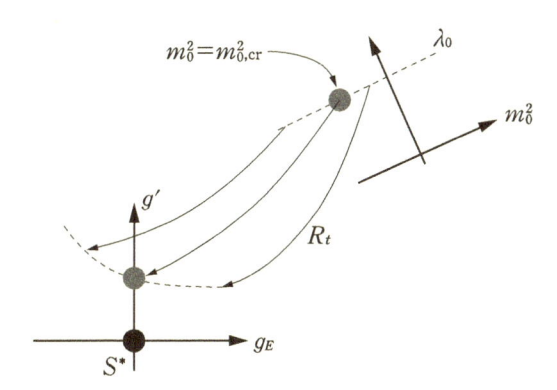

**図 7.4** $\phi^4$ 理論が不動点 $S^*$ の近傍にない場合も, 臨界に近い $\phi^4$ 理論に十分大きな $t$ をもつ $R_t$ を施せば, $S^*$ の近傍の理論が得られる.

さて, $m_0^2 \to m_{0,\mathrm{cr}}^2(\lambda_0)$ の極限を考えよう[*7].

---

[*7] $g'(\lambda_0)$ という表記法は, $\lambda_0$ に依存する $g'$ の値という意味である. $\lambda_0$ の関数 $g(\lambda_0)$ の微分ではないことに注意.

$$\begin{array}{rcl}
f(m_0^2, \lambda_0) & \longrightarrow & 0 \\
f_1(m_0^2, \lambda_0) & \longrightarrow & g'(\lambda_0) \\
f_2(m_0^2, \lambda_0) & \longrightarrow & g''(\lambda_0) \\
\vdots & \longrightarrow & \vdots
\end{array}$$

ゼロになるのは $g_E$ だけで，そのほかの無意なパラメターは一般に $\lambda_0$ に依存したゼロでない関数になる．$m_0^2$ が臨界値に近づくにつれて，$g_E$ は解析的にゼロになるだろう．

$$f(m_0^2, \lambda_0) = \underbrace{\frac{\partial f(m_0^2, \lambda_0)}{\partial m_0^2}\bigg|_{m_0^2 = m_{0,\mathrm{cr}}^2(\lambda_0)}}_{\equiv A(\lambda_0)} \left(m_0^2 - m_{0,\mathrm{cr}}^2(\lambda_0)\right) + \cdots$$
$$= A(\lambda_0) \cdot \left(m_0^2 - m_{0,\mathrm{cr}}^2(\lambda_0)\right) + \cdots$$

ここで $A(\lambda_0) > 0$ とする．（もし負ならば $-g_E$ を $g_E$ と再定義すればよい．）したがって，$g_E > 0$ では $Z_2$ 対称性が保たれ，$g_E < 0$ では自発的に破れている．

いま，$m_0^2$ を

$$m_0^2 - m_{0,\mathrm{cr}}^2(\lambda_0) = \frac{1}{A(\lambda_0)} \bar{g}_E \, \mathrm{e}^{-y_E t}$$

となるように選ぶと，

$$\begin{array}{rcl}
f(m_0^2, \lambda_0) & \simeq & \bar{g}_E \, \mathrm{e}^{-y_E t} \\
f_1(m_0^2, \lambda_0) & \simeq & g'(\lambda_0) \\
f_2(m_0^2, \lambda_0) & \simeq & g''(\lambda_0) \\
\vdots & \simeq & \vdots
\end{array}$$

となる．したがって，この理論に Wilson のくりこみ群変換 $R_t$ を作用させて得られる理論のパラメターは

$$\begin{array}{rcl}
\mathrm{e}^{y_E t} f(m_0^2, \lambda_0) & \longrightarrow & \bar{g}_E \\
\mathrm{e}^{y' t} f_1(m_0^2, \lambda_0) & \longrightarrow & 0 \\
\mathrm{e}^{y'' t} f_2(m_0^2, \lambda_0) & \longrightarrow & 0 \\
\vdots & \longrightarrow & 0
\end{array}$$

となる．よって $t \to \infty$ の極限は，$\mathcal{S}_\infty$ 上にあって，$\lambda_0$ に依存しないことがわかる（図 7.5 参照）．

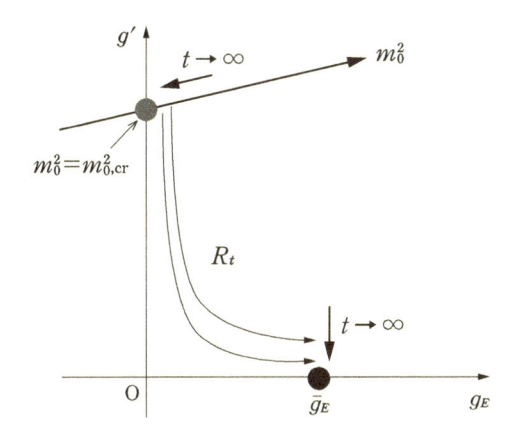

**図 7.5** $t$ が大きくなるにつれて, $m_0^2$ は臨界値 $m_{0,\mathrm{cr}}^2(\lambda_0)$ に近づく. Wilson のくりこみ群変換 $R_t$ を作用させて得られる理論は, $\mathcal{S}_\infty$ 上の理論 $\bar{g}_E$ に近づく. ここでは議論を簡単化するために, ほぼ臨界の $\phi^4$ 理論は, $g_E, g', g'', \cdots$ が定義されている不動点 $S^*$ のまわりの領域にあると仮定している.

1 次元部分空間 $\mathcal{S}_\infty$ は, $g_E$ をパラメーターとし, 理論の相関長は $g_E$ の関数として $\xi(g_E)$ と表される. $t$ が十分大きければ, 理論はほぼ $\mathcal{S}_\infty$ 上にあるから,

$$\xi(m_0^2, \lambda_0) = \xi(\bar{g}_E e^{-y_E t}, g'(\lambda_0), \cdots) = e^t \xi(\bar{g}_E, 0, \cdots) = e^t \xi(\bar{g}_E)$$

で与えられる.

## 7.6 スケーリング則の導出

これでスケーリング則を導く準備ができた. ひきつづき, $m_0^2$ と $\lambda_0$ をパラメーターとする $\phi^4$ 理論を考える. $m_0^2$ は十分臨界値 $m_{0,\mathrm{cr}}^2(\lambda_0)$ に近いとしよう. 議論を簡単化するために, この $\phi^4$ 理論は不動点 $S^*$ の近傍にあって, パラメーター $g_E$ や $g', g'', \cdots$ が $m_0^2$ と $\lambda_0$ の関数として得られるとしよう.

ここでは, 前節と少し表記を変えて, $m_0^2, \lambda_0$ の関数を $f, f_1, \cdots$ ではなく, パラメーターと同じ表記を使って, $g_E, g', \cdots$ と表すことにする. このように表記すると,

$$\langle \phi(\vec{r}_1) \cdots \phi(\vec{r}_N) \rangle_{m_0^2, \lambda_0} = \langle \phi(\vec{r}_1) \cdots \phi(\vec{r}_N) \rangle_{g_E(m_0^2, \lambda_0), g'(m_0^2, \lambda_0), \cdots}$$

となる．与えられた $\lambda_0$ に対して，$m_0^2$ は前節で考えたように

$$m_0^2 = m_{0,\mathrm{cr}}^2(\lambda_0) + \frac{1}{A(\lambda_0)} \bar{g}_E \mathrm{e}^{-y_E t}$$

と $t$ に依存してとると，

$$\begin{aligned} g_E(m_0^2, \lambda_0) &\simeq \bar{g}_E \mathrm{e}^{-y_E t} \\ g'(m_0^2, \lambda_0) &\simeq g'(\lambda_0) \\ \vdots \quad &\simeq \vdots \end{aligned}$$

である．

さて，Wilson のくりこみ群方程式より，

$$\begin{aligned} &\langle \phi(\vec{r}_1 \mathrm{e}^t) \cdots \phi(\vec{r}_N \mathrm{e}^t) \rangle_{g_E(m_0^2, \lambda_0),\, g'(m_0^2, \lambda_0), \cdots} \\ &= \langle \phi(\vec{r}_1 \mathrm{e}^t) \cdots \phi(\vec{r}_N \mathrm{e}^t) \rangle_{\bar{g}_E \mathrm{e}^{-y_E t},\, g'(\lambda_0), \cdots} \\ &= \exp\left( -N \int_0^t d\tau\, \gamma(\mathrm{e}^{y_E(\tau - t)} \bar{g}_E, \mathrm{e}^{y'\tau} g'(\lambda_0), \cdots) \right) \\ &\quad \times \langle \phi(\vec{r}_1) \cdots \phi(\vec{r}_N) \rangle_{\bar{g}_E,\, \mathrm{e}^{y't} g'(\lambda_0), \cdots} \end{aligned}$$

を得る．ここで，$t$ を十分大きくとれば，無意なパラメーターは 0 とみなせるから，

$$\langle \phi(\vec{r}_1) \cdots \phi(\vec{r}_N) \rangle_{\bar{g}_E,\, \mathrm{e}^{y't} g'(\lambda_0), \cdots} \simeq \langle \phi(\vec{r}_1) \cdots \phi(\vec{r}_N) \rangle_{\bar{g}_E}$$

となって，

$$\begin{aligned} &\langle \phi(\vec{r}_1 \mathrm{e}^t) \cdots \phi(\vec{r}_N \mathrm{e}^t) \rangle_{m_0^2, \lambda_0} \\ &= \exp\left( -N \int_0^t d\tau\, \gamma(\mathrm{e}^{y_E(\tau - t)} \bar{g}_E, \mathrm{e}^{y'\tau} g'(\lambda_0), \cdots) \right) \langle \phi(\vec{r}_1) \cdots \phi(\vec{r}_N) \rangle_{\bar{g}_E} \end{aligned}$$

が得られる．ここで相対座標 $\vec{r}_i - \vec{r}_j$ の大きさは少なくとも $1/\Lambda$ でなければならないことに注意しよう．なぜなら，パラメーター $\bar{g}_E$ の理論は，カットオフ $\Lambda$ をもつからである．

ここで，$\mathcal{S}_\infty$ 上の相関関数が

$$\langle \phi(\vec{r}_1) \cdots \phi(\vec{r}_N) \rangle_{g_E}$$

## 7.6 スケーリング則の導出

$$= \frac{1}{\xi(g_E)^{Nx_h}} \exp\left(N \int_0^{g_E} \frac{dg}{y_E g} (\gamma(g) - x_h)\right) F_\pm^{(N)}\left(\frac{\vec{r}_i - \vec{r}_j}{\xi(g_E)}\right)$$

で与えられることを思い出そう（第 7.4 節）．よって

$$\langle \phi(\vec{r}_1 e^t) \cdots \phi(\vec{r}_N e^t) \rangle_{m_0^2, \lambda_0}$$
$$= \exp\left(-N \int_0^t d\tau\, \gamma(e^{y_E(\tau-t)} \bar{g}_E,\, e^{y'\tau} g'(\lambda_0), \cdots)\right)$$
$$\times \frac{1}{\xi(\bar{g}_E)^{Nx_h}} \exp\left(N \int_0^{\bar{g}_E} \frac{dg}{y_E g} (\gamma(g) - x_h)\right) F_\pm^{(N)}\left(\frac{\vec{r}_i - \vec{r}_j}{\xi(\bar{g}_E)}\right)$$

を得る．

さて

$$\xi(m_0^2, \lambda_0) = e^t \xi(\bar{g}_E)$$

であるから，上の式は，

$$\langle \phi(\vec{r}_1 e^t) \cdots \phi(\vec{r}_N e^t) \rangle_{m_0^2, \lambda_0}$$
$$= \exp\Bigl[-N \int_0^t d\tau\, \left\{\gamma(e^{y_E(\tau-t)} \bar{g}_E,\, e^{y'\tau} g'(\lambda_0), \cdots) - x_h\right\}$$
$$+ N \int_0^{\bar{g}_E} \frac{dg}{y_E g} (\gamma(g) - x_h)\Bigr] \frac{1}{\xi(m_0^2, \lambda_0)^{Nx_h}} F_\pm^{(N)}\left(\frac{\vec{r}_i e^t - \vec{r}_j e^t}{\xi(m_0^2, \lambda_0)}\right)$$

と書き直せる．これは右辺最初の指数関数を除けば，スケーリング則を与えている．

スケーリング則を導くには，右辺の指数関数が十分大きい $t$ について $\lambda_0$ だけの関数になることを示せばよい．

$$\exp[\cdots] \xrightarrow{t \to \infty} Z(\lambda_0)^{\frac{N}{2}}$$

これが示せれば，十分大きな $t$ について

$$\langle \phi(\vec{r}_1 e^t) \cdots \phi(\vec{r}_N e^t) \rangle_{m_0^2, \lambda_0} = Z(\lambda_0)^{\frac{N}{2}} \frac{1}{\xi(m_0^2, \lambda_0)^{Nx_h}} F_\pm^{(N)}\left(\frac{\vec{r}_i e^t - \vec{r}_j e^t}{\xi(m_0^2, \lambda_0)}\right)$$

となって，スケーリング則が得られる．

指数関数の $t \to \infty$ での極限は，幾何学的に求めるのがもっとも簡単である（図 7.6 参照）．

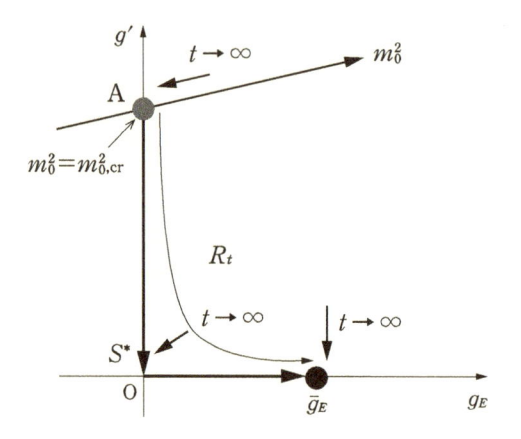

**図 7.6** Wilson のくりこみ群の軌道は，$t \to \infty$ の極限で，臨界点 A から $S^*$ までの軌道と，$S^*$ から $g_E = \bar{g}_E$ までの軌道を合わせたものになる．

$\phi^4$ 理論から出発する Wilson のくりこみ群の軌道を考えよう．$R_t$ によって到達する軌道の終点は，$g_E$ 座標 $\bar{g}_E$ をもつ．$t$ が十分大きければ，途中，不動点 $S^*$ のごく近傍を通りすぎる．$t \to \infty$ の極限では，$\phi^4$ 理論は，臨界点 $m_0^2 = m_{0,\mathrm{cr}}^2(\lambda_0)$（図 7.6 では点 A）になり，軌道の終点は，$g_E$ 軸上 $g_E = \bar{g}_E$ の点になる．

したがって軌道は，臨界点 A から $S^*$ までの部分と，$S^*$ から $g_E = \bar{g}_E$ までの部分のふたつからなることになる．前者は $\mathcal{S}_{\mathrm{cr}}$ に属し，後者は $\mathcal{S}_\infty$ に属する．すなわち

$$\int_0^t d\tau \left\{ \gamma \left( \mathrm{e}^{y_E \tau} \bar{g}_E \mathrm{e}^{-y_E t}, \mathrm{e}^{y'\tau} g'(\lambda_0), \cdots \right) - x_h \right\}$$
$$\xrightarrow{t \to \infty} \int_0^\infty d\tau \left\{ \gamma \left( 0, \mathrm{e}^{y'\tau} g'(\lambda_0), \cdots \right) - x_h \right\} + \int_{-\infty}^0 d\tau \left\{ \gamma(\bar{g}_E \mathrm{e}^{y_E \tau}) - x_h \right\}$$

となる．さて，指数関数の中のもうひとつの積分は，変数変換

$$g = \bar{g}_E \mathrm{e}^\tau$$

によって

$$\int_0^{\bar{g}_E} \frac{dg}{y_E g} (\gamma(g) - x_h) = \int_{-\infty}^0 d\tau \left( \gamma(\bar{g}_E \mathrm{e}^{y_E \tau}) - x_h \right)$$

と書き換えられる．したがって

$$\lim_{t \to \infty} \left[ -N \int_0^t d\tau \left\{ \gamma(\mathrm{e}^{y_E(\tau-t)}\bar{g}_E, \mathrm{e}^{y'\tau} g'(\lambda_0), \cdots) - x_h \right\} \right.$$
$$\left. + N \int_0^{\bar{g}_E} \frac{dg}{y_E g} (\gamma(g) - x_h) \right] = -N \int_0^\infty d\tau \left\{ \gamma(0, \mathrm{e}^{y'\tau} g'(\lambda_0), \cdots) - x_h \right\}$$

が得られる．ここで

$$\boxed{Z(\lambda_0) \equiv \exp\left( -2 \int_0^\infty d\tau \left\{ \gamma(0, \mathrm{e}^{y'\tau} g'(\lambda_0), \mathrm{e}^{y''\tau} g''(\lambda_0), \cdots) - x_h \right\} \right)}$$

と定義すれば，p. 105 で得られた結果より，$t \gg 1$ のときスケーリング則

$$\boxed{\langle \phi(\vec{r}_1 \mathrm{e}^t) \cdots \phi(\vec{r}_N \mathrm{e}^t) \rangle_{m_0^2, \lambda_0} = Z(\lambda_0)^{\frac{N}{2}} \frac{1}{\xi(m_0^2, \lambda_0)^{N x_h}} F_\pm^{(N)} \left( \frac{\vec{r}_i \mathrm{e}^t - \vec{r}_j \mathrm{e}^t}{\xi(m_0^2, \lambda_0)} \right)}$$

が得られる．ただし，$m_0^2$ はほぼ臨界の値

$$m_0^2 = m_{0,\mathrm{cr}}^2(\lambda_0) + \frac{1}{A(\lambda_0)} \bar{g}_E\, \mathrm{e}^{-y_E t}$$

で与えられている．

## 7.7 普遍性の導出

第 6 章で普遍性の概念を紹介した．この節では特に，「連続極限は不動点 $S^*$ だけで決まり，臨界点をもつどんなスカラー理論を使っても同じ連続極限が得られる」ということを示そう．

パラメターを少なくともひとつもったスカラー理論を考えよう．（理論空間に属するから，場の運動量カットオフは $\Lambda$ であり，運動項は規格化されている．）パラメターを $\alpha$ とすると，一般に臨界点 $\alpha_\mathrm{cr}$ が存在すると予想される．

議論を簡単にするために，理論 $S(\alpha)$ は不動点 $S^*$ の近傍にあるとしよう．（$\phi^4$ 理論の場合と同様，この仮定は本質的でない．）するとパラメター $g_E$, $g'$, $\cdots$ は，$\alpha$ の関数として決まる．

$$\begin{aligned} g_E &= g_E(\alpha) \\ g' &= g'(\alpha) \\ g'' &= g''(\alpha) \\ \vdots &= \vdots \end{aligned}$$

$\alpha \simeq \alpha_{\rm cr}$ のとき,

$$g_E(\alpha) = A \cdot (\alpha - \alpha_{\rm cr}) + \cdots$$

$A > 0$ とすれば, $\alpha > \alpha_{\rm cr}$ では $Z_2$ 対称性が保たれ, $\alpha < \alpha_{\rm cr}$ では自発的に破れている.

相関長は,

$$\xi(\alpha) = c_\pm \cdot A^{-\frac{1}{y_E}} |\alpha - \alpha_{\rm cr}|^{-\frac{1}{y_E}}$$

で与えられ, さらにスケーリング則

$$\langle \phi(\vec{r}_1) \cdots \phi(\vec{r}_N) \rangle_\alpha = Z^{\frac{N}{2}} \frac{1}{\xi(\alpha)^{Nx_h}} F_\pm^{(N)} \left( \frac{\vec{r}_i - \vec{r}_j}{\xi(\alpha)} \right)$$

が成り立つ. ここで定数 $Z$ は, 前節の導出を繰り返せば

$$Z = \exp\left( -2 \int_0^\infty d\tau \left\{ \gamma(0, {\rm e}^{y'\tau} g'(\alpha_{\rm cr}), {\rm e}^{y''\tau} g''(\alpha_{\rm cr}), \cdots) - x_h \right\} \right)$$

と得られる.

よって連続極限は, $\alpha = \alpha_{\rm cr} + \frac{1}{A} \frac{g_E}{\mu^2} {\rm e}^{-y_E t}$ として,

$$\langle \phi(\vec{r}_1) \cdots \phi(\vec{r}_N) \rangle_{g_E} \equiv \frac{1}{Z^{\frac{N}{2}}} \lim_{t \to \infty} {\rm e}^{Nx_h t} \langle \phi(\vec{r}_1 {\rm e}^t) \cdots \phi(\vec{r}_N {\rm e}^t) \rangle_\alpha$$

と得られる. これは $\phi^4$ 理論の連続極限と同じである.

たとえば, $Z_2$ 対称な $\phi^6$ 理論

$$S(m_0^2, u_0) = -\int d^D r \left[ \frac{1}{2} \partial_\mu \phi \partial_\mu \phi + m_0^2 \frac{1}{2} \phi^2 + u_0 \frac{1}{6!} \phi^6 \right]$$

を考えよう. $u_0$ を一定の正数に保って $m_0^2$ を変化させると, 臨界点 $m_{0,{\rm cr}}^2(u_0)$ があって, $m_0^2 < m_{0,{\rm cr}}^2(u_0)$ では $Z_2$ 対称性が自発的に破れ, $m_0^2 > m_{0,{\rm cr}}^2(u_0)$ では保たれる. 臨界点に Wilson のくりこみ群変換 $S_t$ を作用させると, $t \to \infty$

の極限で同じ不動点 $S^*$ に到達するはずである.

$$R_t S(m_0^2 = m_{0,\mathrm{cr}}^2(u_0),\, u_0) \overset{t\to\infty}{\Longrightarrow} S^*$$

よって，連続極限を

$$\begin{aligned}&\langle \phi(\vec{r}_1)\cdots\phi(\vec{r}_N)\rangle_{g_E;\mu}\\ &\equiv \lim_{t\to\infty} \mathrm{e}^{Nx_h t}\, \langle \phi(\vec{r}_1\mathrm{e}^t)\cdots\phi(\vec{r}_N\mathrm{e}^t)\rangle_{m_0^2=m_{0,\mathrm{cr}}^2(u_0)+g_E\mathrm{e}^{-y_E t},\, u_0}\end{aligned}$$

で定義すると，$g_E$ と $\phi$ の規格化を除いて，$\phi^4$ 理論の連続極限と同じになる．付録 A では，線形 $\sigma$ 模型について，この予想が正しいことをラージ $N$ 極限で確かめる.

Ising 模型は，章末の補説 1 で示すように，Hubbard–Stratonovich（ハバード–ストラトノヴィッチ）変換によってスカラー場の格子理論として書き直すことができる．パラメターは $K, m^2$ のふたつである．$m^2$ は書き換えのために導入したパラメターであり，分配関数はその値に依存しない．$K$ はもともとの Ising 模型のパラメターである．したがって，$m^2$ に依存しない $K$ の臨界点 $K_{\mathrm{cr}}$ が存在して，連続極限は，

$$\begin{aligned}&\langle \phi(\vec{r}_1)\cdots\phi(\vec{r}_N)\rangle_{g_E;\mu}\\ &= \mu^{N\frac{D-2}{2}} \lim_{t\to\infty} \mathrm{e}^{Nx_h t}\, \langle \sigma_{\vec{r}_1\mu\mathrm{e}^t}\cdots\sigma_{\vec{r}_N\mu\mathrm{e}^t}\rangle_{K=K_{\mathrm{cr}}-\frac{g_E}{\mu^2}\mathrm{e}^{-y_E t}}\end{aligned}$$

で与えられる．この場合も $\phi^4$ 理論の連続極限とは，$g_E$ と $\phi$ の規格化だけ違っている.

同じ普遍類に属する理論とは，つまり同じ理論空間に属する理論ということになる．より精密には，同じ不動点を共有する理論のことをいう.

## 第 7 章　補説

### ◆補説 1: Hubbard–Stratonovich 変換

この補説では，Ising 模型と等価な（つまり，まったく同じ分配関数をもつ）スカラー場の理論を作ろう.

大きさ $N$ の周期的立方格子上で定義された Ising 模型の分配関数は，

$$Z = \left( \prod_{\vec{n}} \sum_{\sigma_{\vec{n}}=\pm 1} \right) e^{S[\sigma]}$$

で与えられる. ただし $\sigma_{\vec{n}+N\hat{i}} = \sigma_{\vec{n}}$ で, $S[\sigma]$ は

$$S[\sigma] \equiv K \sum_{\vec{n}} \sum_{i=1}^{D} \sigma_{\vec{n}} \sigma_{\vec{n}+\hat{i}}$$

で与えられる. $\sigma_{\vec{n}}^2 = 1$ だから,

$$S[\sigma] = K \sum_{\vec{n}} \left( \sum_{i=1}^{D} \sigma_{\vec{n}} \sigma_{\vec{n}+\hat{i}} + \frac{1}{2} m^2 \sigma_{\vec{n}}^2 \right)$$

としても $S[\sigma]$ に定数が加わるだけで物理は変わらない. $S[\sigma]$ は

$$S[\sigma] = \frac{K}{2} \sum_{\vec{n},\vec{n}'} \sigma_{\vec{n}} A_{\vec{n},\vec{n}'} \sigma_{\vec{n}'}$$

の形に書き換えることができる. ここで

$$A_{\vec{n},\vec{n}'} = \sum_{i=1}^{D} \left( \delta_{\vec{n},\vec{n}'+\hat{i}} + \delta_{\vec{n},\vec{n}'-\hat{i}} \right) + m^2 \delta_{\vec{n},\vec{n}'}$$

である. 行列 $A$ の逆を定義するために, まず $A$ を波数空間で表示しよう.

$$\sum_{\vec{n}'} A_{\vec{n},\vec{n}'} e^{i\vec{k}\cdot\vec{n}'} = \left( \sum_{i=1}^{D} 2\cos k_i + m^2 \right) e^{i\vec{k}\cdot\vec{n}}$$

より

$$\sum_{\vec{n}'} A_{\vec{n},\vec{n}'}^{-1} e^{i\vec{k}\cdot\vec{n}'} = \frac{1}{\sum_{i=1}^{D} 2\cos k_i + m^2} e^{i\vec{k}\cdot\vec{n}}$$

となる. ここで $m^2 > 2D$ ならば分母はゼロにならないから, $A^{-1}$ は定義できる. 実空間で $A^{-1}$ は

$$\begin{aligned} A_{\vec{n},\vec{n}'}^{-1} &= \frac{1}{N^D} \sum_{\vec{k}} \frac{1}{\sum_{i=1}^{D} 2\cos k_i + m^2} e^{i\vec{k}\cdot(\vec{n}-\vec{n}')} \\ &= \frac{1}{2D + m^2} \delta_{\vec{n},\vec{n}'} \\ &\quad + \frac{1}{N^D} \sum_{\vec{k}} \left( \frac{1}{\sum_{i=1}^{D} 2\cos k_i + m^2} - \frac{1}{2D + m^2} \right) e^{i\vec{k}\cdot(\vec{n}-\vec{n}')} \end{aligned}$$

と与えられる．

Gauss 積分の公式

$$\sqrt{2\pi A}\int_{-\infty}^{\infty}dx\,e^{-\frac{x^2}{2A}+sx}=e^{-\frac{A}{2}s^2}$$

より分配関数は，

$$Z=\left(\prod_{\vec{n}}\int_{-\infty}^{\infty}d\phi_{\vec{n}}\sum_{\sigma_{\vec{n}}=\pm1}\right)\exp\left(\frac{1}{2K}\sum_{\vec{n},\vec{n}'}\phi_{\vec{n}}A^{-1}_{\vec{n},\vec{n}'}\phi_{\vec{n}'}+\sum_{\vec{n}}\phi_{\vec{n}}\sigma_{\vec{n}}\right)$$

と書き直せる[*8]．まず $\sigma_{\vec{n}}$ について和をとって，

$$Z=\left(\prod_{\vec{n}}\int_{-\infty}^{\infty}d\phi_{\vec{n}}\right)\exp\left(\frac{1}{2K}\sum_{\vec{n},\vec{n}'}\phi_{\vec{n}}A^{-1}_{\vec{n},\vec{n}'}\phi_{\vec{n}'}+\sum_{\vec{n}}\ln\cosh\phi_{\vec{n}}\right)$$

を得る．したがって Ising 模型は，

$$\begin{aligned}S[\phi]&=\frac{1}{2K}\sum_{\vec{n},\vec{n}'}\phi_{\vec{n}}A^{-1}_{\vec{n},\vec{n}'}\phi_{\vec{n}'}+\sum_{\vec{n}}\ln\cosh\phi_{\vec{n}}\\&=\frac{1}{2K}\sum_{\vec{k}}\left(\frac{1}{\sum_{i=1}^{D}2\cos k_i+m^2}-\frac{1}{2D+m^2}\right)\tilde{\phi}_{\vec{k}}\tilde{\phi}_{-\vec{k}}\\&\quad+\sum_{\vec{n}}\left(\frac{\phi_{\vec{n}}^2}{2K(2D+m^2)}+\ln\cosh\phi_{\vec{n}}\right)\end{aligned}$$

で定義されるスカラー理論として書き換えることができる．

いままでは分配関数しか考えなかったが，場の相関関数はどうだろうか？ $S[\sigma]$ に外磁場 $h_{\vec{n}}$ を導入して，分配関数を

$$S[\sigma,h]\equiv K\sum_{\vec{n}}\left(\sum_{i=1}^{D}\sigma_{\vec{n}}\sigma_{\vec{n}+\hat{i}}+\frac{1}{2}m^2\sigma_{\vec{n}}^2\right)+\sum_{\vec{n}}h_{\vec{n}}\sigma_{\vec{n}}$$

で定義すれば，スピン変数の相関関数は，分配関数の微分として求めることができる．

$$\langle\sigma_{\vec{n}_1}\cdots\sigma_{\vec{n}_N}\rangle_K=\left(\frac{1}{Z}\frac{\delta^N}{\delta h_{\vec{n}_1}\cdots\delta h_{\vec{n}_N}}Z\right)_{h=0}$$

スカラー場を使って，分配関数は

---

[*8] $\sqrt{2\pi A}$ の部分は，分配関数を定数倍するだけなので，無視してよい．

と書き直せる．

$$Z = \left(\prod_{\vec{n}} \int_{-\infty}^{\infty} d\phi_{\vec{n}} \sum_{\sigma_{\vec{n}}=\pm 1}\right) \exp\left(\frac{1}{2K} \sum_{\vec{n},\vec{n}'} \phi_{\vec{n}} A^{-1}_{\vec{n},\vec{n}'} \phi_{\vec{n}'} + \sum_{\vec{n}} (\phi_{\vec{n}} + h_{\vec{n}})\sigma_{\vec{n}}\right)$$

と書き直せる．$\sigma_{\vec{n}}$ について和をとると，ポテンシャルが $h$ に依って変更されることがわかる．

$$Z = \left(\prod_{\vec{n}} \int_{-\infty}^{\infty} d\phi_{\vec{n}}\right) \exp\left(\frac{1}{2K} \sum_{\vec{n},\vec{n}'} \phi_{\vec{n}} A^{-1}_{\vec{n},\vec{n}'} \phi_{\vec{n}'} + \sum_{\vec{n}} \ln\cosh\left(\phi_{\vec{n}} + h_{\vec{n}}\right)\right)$$

外磁場を無限小とすれば，

$$Z = \left(\prod_{\vec{n}} \int_{-\infty}^{\infty} d\phi_{\vec{n}}\right) \exp\left(\frac{1}{2K} \sum_{\vec{n},\vec{n}'} \phi_{\vec{n}} A^{-1}_{\vec{n},\vec{n}'} \phi_{\vec{n}'}\right.$$
$$\left.+ \sum_{\vec{n}} \left(\ln\cosh\phi_{\vec{n}} + h_{\vec{n}} \tanh\phi_{\vec{n}}\right)\right)$$

が得られる．したがって Ising 模型の相関関数は，パラメターを $K, m^2$ とするスカラー理論の相関関数によって

$$\langle \sigma_{\vec{n}_1} \cdots \sigma_{\vec{n}_N}\rangle_K = \langle \tanh\phi_{\vec{n}_1} \cdots \tanh\phi_{\vec{n}_N}\rangle_{K,m^2}$$

と与えられることがわかる[*9]．

したがって相関関数の連続極限は，

$$\mu^{N\frac{D-2}{2}} \lim_{t\to\infty} e^{Nx_h t} \langle \sigma_{\vec{r}_1 \mu e^t} \cdots \sigma_{\vec{r}_N \mu e^t}\rangle_{K=K_{\rm cr}-g_E/\mu e^{-y_E t}}$$
$$= \mu^{N\frac{D-2}{2}} \lim_{t\to\infty} e^{Nx_h t} \langle \tanh\phi_{\vec{r}_1 \mu e^t} \cdots \tanh\phi_{\vec{r}_N \mu e^t}\rangle_{K=K_{\rm cr}-g_E/\mu e^{-y_E t}, m^2}$$

となる．スカラー理論の分配関数は $m^2$ に依らないから，$K_{\rm cr}$ も $m^2$ には依らない．

ここで疑問になるのは，「$\phi^4$ 理論のときと同じように $\phi_{\vec{n}}$ を使って相関関数の連続極限を定義してはいけないのか？」ということである．つまり，$\tanh\phi_{\vec{n}}$ を使って定義する連続極限と $\phi_{\vec{n}}$ を使って定義する連続極限とは同じかどうか，という疑問が生じる．

$$\lim_{t\to\infty} e^{Nx_h t} \langle \tanh\phi_{\vec{r}_1 \mu e^t} \cdots \tanh\phi_{\vec{r}_N \mu e^t}\rangle_{K=K_{\rm cr}-g_E/\mu e^{-y_E t}, m^2}$$
$$\stackrel{?}{=} \lim_{t\to\infty} e^{Nx_h t} \langle \phi_{\vec{r}_1 \mu e^t} \cdots \phi_{\vec{r}_N \mu e^t}\rangle_{K=K_{\rm cr}-g_E/\mu e^{-y_E t}, m^2}$$

実は，スカラー場の規格化を変えれば，両辺は等しくなる．その理由は補説 2 で説明

---

[*9] $m^2$ は変換の便宜上導入したパラメターである．右辺の相関関数は，$m^2$ に依らない．

する．

### ◆補説2: スカラー場のくりこみ群変換

相関関数に対するWilsonのくりこみ群方程式

$$\langle \phi(\vec{r}_1) \cdots \phi(\vec{r}_N) \rangle_{R_{\Delta t} S} = \left(1 + N\frac{\Delta z}{2}\right) \langle \phi(\vec{r}_1 \mathrm{e}^{\Delta t}) \cdots \phi(\vec{r}_N \mathrm{e}^{\Delta t}) \rangle_S$$

を導くにあたって，相対距離が $1/\Lambda$ に比べて長いときは，運動量の高い成分 $\phi_h$ の相関は無視できて

$$\langle \phi_l(\vec{r}_1) \cdots \phi_l(\vec{r}_N) \rangle_S = \langle \phi(\vec{r}_1) \cdots \phi(\vec{r}_N) \rangle_S$$

としてよいことを使った．これは厳密には正しくない．実際には補正がある．

$$\langle \phi_l(\vec{r}_1) \cdots \phi_l(\vec{r}_N) \rangle_S = \langle \phi(\vec{r}_1) \cdots \phi(\vec{r}_N) \rangle_S + \cdots$$

したがってこの補正を無視して得られたWilsonのくりこみ群方程式は，少し補正される．しかしその補正は，連続極限には影響しない．以下，それを説明したい．

説明を簡単にするため，いつものように $S^*$ を含む領域を考え，その領域内で定義されているパラメタ $g_E$, $g'$, $g''$, $\cdots$ は，Wilsonのくりこみ群変換 $R_t$ のもとで，

$$\begin{aligned} g_E &\to g_E \mathrm{e}^{y_E t} \\ g' &\to g' \mathrm{e}^{y' t} \\ g'' &\to g'' \mathrm{e}^{y'' t} \\ \vdots &\to \vdots \end{aligned}$$

と線形に変化するとしよう．さらに座標 $\vec{r}$ におけるスカラー場は，$\vec{r}$ を中心とした近傍内のスカラー場のみに依存する**局所場** $\{[\phi_s](\vec{r})\}$ によって

$$\phi(\vec{r}) = C_1 [\phi_1](\vec{r}) + C_2 [\phi_2](\vec{r}) + \cdots$$

のように展開できるとしよう[*10]．ここで，右辺に現れる局所場は，すべて $Z_2$ 変換のもとで符号を変えるとする．

$$[\phi_s](\vec{r}) \xrightarrow{(\forall \vec{r}') \, \phi(\vec{r}') \to -\phi(\vec{r}')} -[\phi_s](\vec{r})$$

---

[*10] 逆に，$[\phi_s](\vec{r})$ は，$\phi(\vec{r})$ のほか，$\frac{1}{\Lambda^{n(D-2)}} \phi^{2n+1}$ や $\frac{1}{\Lambda^{n(D-2)}} \phi^{2n-1} \sum_i (\partial_i \phi)^2$ など，$\phi$ の奇数冪によって展開できる．

## 第7章 Wilson のくりこみ群

さらに，Wilson のくりこみ群変換 $R_t$ のもとで，これら局所場 $[\phi_s](\vec{r})$ が決まったスケール次元 $x_s$ をもつとしよう．つまり，$R_t$ のもとで相関関数は，

$$\langle [\phi_{s_1}](\vec{r}_1) \cdots [\phi_{s_N}](\vec{r}_N) \rangle_{g_E e^{y_E t}, g' e^{y' t}, g'' e^{y'' t}, \cdots}$$
$$= e^{(x_{s_1} + \cdots x_{s_N})t} \langle [\phi_{s_1}](\vec{r}_1 e^t) \cdots [\phi_{s_N}](\vec{r}_N e^t) \rangle_{g_E, g', g'', \cdots}$$

を満たすとしよう．場は，スケール次元の小さいほうから番号をつけることにすれば，

$$x_1 < x_2 < x_3 < \cdots$$

となる．

スカラー場 $\phi$ を展開したときの係数は，理論によるから，$g_E$, $g'$, $\cdots$ の関数である．

$$\phi(\vec{r}) = C_1(g_E, g', \cdots)[\phi_1](\vec{r}) + C_2(g_E, g', \cdots)[\phi_2](\vec{r}) + \cdots$$

よって，スカラー場 $\phi$ の相関関数が満たす Wilson のくりこみ群方程式は，以下のようになる．

$$\begin{aligned}
&\langle \phi(\vec{r}_1 e^t) \cdots \phi(\vec{r}_N e^t) \rangle_{g_E, g', g'', \cdots} \\
&= \langle (C_1(g_E, g', \cdots)[\phi_1](\vec{r}_1 e^t) + C_2(g_E, g', \cdots)[\phi_2](\vec{r}_1 e^t) + \cdots) \cdots \\
&\quad (C_1(g_E, g', \cdots)[\phi_1](\vec{r}_N e^t) + C_2(g_E, g', \cdots)[\phi_2](\vec{r}_N e^t) + \cdots) \rangle_{g_E, g', g'', \cdots} \\
&= \langle \{ C_1(g_E, g', \cdots)e^{-x_1 t}[\phi_1](\vec{r}_1) + C_2(g_E, g', \cdots)e^{-x_2 t}[\phi_2](\vec{r}_1) + \cdots \} \cdots \\
&\quad \cdots \{ C_1(g_E, g', \cdots)e^{-x_1 t}[\phi_1](\vec{r}_N) \\
&\quad\quad + C_2(g_E, g', \cdots)e^{-x_2 t}[\phi_2](\vec{r}_N) + \cdots \} \rangle_{g_E e^{y_E t}, g' e^{y' t}, g'' e^{y'' t}, \cdots} \\
&= \{ C_1(g_E, g', \cdots)e^{-x_1 t} \}^N \langle [\phi]_1(\vec{r}_1) \cdots [\phi]_1(\vec{r}_N) \rangle_{g_E e^{y_E t}, g' e^{y' t}, \cdots} \\
&\quad + \{ C_1(g_E, g', \cdots)e^{-x_1 t} \}^{N-1} C_2(g_E, g', \cdots)e^{-x_2 t} \\
&\quad\quad \times \sum_{i=1}^{N} \langle [\phi_1](\vec{r}_1) \cdots [\phi_2](\vec{r}_i) \cdots [\phi_1](\vec{r}_N) \rangle_{g_E e^{y_E t}, g' e^{y' t}, \cdots} \\
&\quad + \cdots
\end{aligned}$$

さて，十分臨界点に近い $\phi^4$ 理論を考えよう．

$$m_0^2 = m_{0,\text{cr}}^2(\lambda_0) + \frac{1}{A(\lambda_0)} \bar{g}_E e^{-y_E t}$$

とすれば

$$\begin{aligned}
g_E(m_0^2, \lambda_0) &= \bar{g}_E e^{-y_E t} \\
g'(m_0^2, \lambda_0) &= g'(\lambda_0) \\
g''(m_0^2, \lambda_0) &= g''(\lambda_0) \\
\vdots &= \vdots
\end{aligned}$$

となることは本文で説明したとおりである．よって Wilson のくりこみ群方程式より，

$$\begin{aligned}
&\langle \phi(\vec{r}_1 e^t) \cdots \phi(\vec{r}_N e^t) \rangle_{m_0^2, \lambda_0} \\
&= \langle \phi(\vec{r}_1 e^t) \cdots \phi(\vec{r}_N e^t) \rangle_{\bar{g}_E e^{-y_E t}, g'(\lambda_0), g''(\lambda_0), \cdots} \\
&= \left\{ C_1(\bar{g}_E e^{-y_E t}, g'(\lambda_0), \cdots) e^{-x_1 t} \right\}^N \langle [\phi_1](\vec{r}_1) \cdots [\phi]_1(\vec{r}_N) \rangle_{\bar{g}_E, g'(\lambda_0) e^{y' t}, \cdots} \\
&\quad + \left\{ C_1(\bar{g}_E e^{-y_E t}, g'(\lambda_0), \cdots) e^{-x_1 t} \right\}^{N-1} C_2(\bar{g}_E e^{-y_E t}, g'(\lambda_0), \cdots) e^{-x_2 t} \\
&\qquad \times \sum_{i=1}^{N} \langle [\phi_1](\vec{r}_1) \cdots [\phi_2](\vec{r}_i) \cdots [\phi_1](\vec{r}_N) \rangle_{\bar{g}_E, g'(\lambda_0) e^{y' t}, \cdots} \\
&\quad + \cdots
\end{aligned}$$

を得る．ここで $t$ を十分大きくとれば，

$$\begin{cases}
C_i(\bar{g}_E e^{-y_E t}, g'(\lambda_0), g''(\lambda_0), \cdots) = C_i(0, g'(\lambda_0), g''(\lambda_0), \cdots) \\
\langle \cdots \rangle_{\bar{g}_E, g'(\lambda_0) e^{y' t}, \cdots} = \langle \cdots \rangle_{\bar{g}_E, 0, \cdots} = \langle \cdots \rangle_{\bar{g}_E}
\end{cases}$$

としてよいから，Wilson のくりこみ群方程式は，

$$\begin{aligned}
&\langle \phi(\vec{r}_1 e^t) \cdots \phi(\vec{r}_N e^t) \rangle_{\bar{g}_E e^{-y_E t}, g'(\lambda_0), g''(\lambda_0), \cdots} \\
&= \left\{ C_1(0, g'(\lambda_0), \cdots) e^{-x_1 t} \right\}^N \langle [\phi_1](\vec{r}_1) \cdots [\phi_1](\vec{r}_N) \rangle_{\bar{g}_E} \\
&\quad + \left\{ C_1(0, g'(\lambda_0), \cdots) e^{-x_1 t} \right\}^{N-1} C_2(0, g'(\lambda_0), \cdots) e^{-x_2 t} \\
&\qquad \times \sum_{i=1}^{N} \langle [\phi_1](\vec{r}_1) \cdots [\phi_2](\vec{r}_i) \cdots [\phi_1](\vec{r}_N) \rangle_{\bar{g}_E} \\
&\quad + \cdots
\end{aligned}$$

となる．右辺の第 2 項の和は，第 1 項に比べて相対的に

$$e^{-(x_2 - x_1)t} \ll 1$$

の大きさしかもたない．したがって十分大きい $t$ については

$$\begin{aligned}
&\langle \phi(\vec{r}_1 e^t) \cdots \phi(\vec{r}_N e^t) \rangle_{m_0^2, \lambda_0} \\
&= \langle \phi(\vec{r}_1 e^t) \cdots \phi(\vec{r}_N e^t) \rangle_{\bar{g}_E e^{-y_E t}, g'(\lambda_0), g''(\lambda_0), \cdots} \\
&= C_1(0, g'(\lambda_0), g''(\lambda_0), \cdots)^N e^{-N x_1 t} \langle [\phi_1](\vec{r}_1) \cdots [\phi_1](\vec{r}_N) \rangle_{\bar{g}_E}
\end{aligned}$$

を得る.これがスケーリング則そのものであることを最後に説明して,この補説を終えよう.

まず $C_1(0, g'(\lambda_0), g''(\lambda_0), \cdots)$ は $\lambda_0$ の関数である.

$$Z(\lambda_0) \equiv C_1(0, g'(\lambda_0), g''(\lambda_0), \cdots)^2$$

と定義しよう.つぎに $\xi(m_0^2, \lambda_0) = \xi(\bar{g}_E e^{-y_E t}) = e^t \xi(\bar{g}_E)$ より

$$e^{-t} = \frac{\xi(\bar{g}_E)}{\xi(m_0^2, \lambda_0)}$$

を得る.よって Wilson のくりこみ群方程式

$$\langle [\phi_1](\vec{r}_1 e^t) \cdots [\phi_1](\vec{r}_N e^t) \rangle_{\bar{g}_E e^{-y_E t}} = e^{-Nx_1 t} \langle [\phi_1](\vec{r}_1) \cdots [\phi_1](\vec{r}_N) \rangle_{\bar{g}_E}$$

の一般解として

$$\langle [\phi_1](\vec{r}_1) \cdots [\phi_1](\vec{r}_N) \rangle_{\bar{g}_E} = \frac{1}{\xi(\bar{g}_E)^{Nx_1}} F_{\pm}^{(N)} \left( \frac{\vec{r}_i - \vec{r}_j}{\xi(\bar{g}_E)} \right)$$

を得る.

したがって

$$\begin{aligned}
& \langle \phi(\vec{r}_1 e^t) \cdots \phi(\vec{r}_N e^t) \rangle_{m_0^2, \lambda_0} \\
&= C_1(0, g'(\lambda_0), \cdots)^N e^{-Nx_1 t} \langle [\phi_1](\vec{r}_1) \cdots [\phi_1](\vec{r}_N) \rangle_{\bar{g}_E} \\
&= Z(\lambda_0)^{\frac{N}{2}} \left( \frac{\xi(\bar{g}_E)}{\xi(m_0^2, \lambda_0)} \right)^{Nx_1} \frac{1}{\xi(\bar{g}_E)^{Nx_1}} F_{\pm}^{(N)} \left( \frac{\vec{r}_i - \vec{r}_j}{\xi(\bar{g}_E)} \right) \\
&= Z(\lambda_0)^{\frac{N}{2}} \frac{1}{\xi(m_0^2, \lambda_0)^{Nx_1}} F_{\pm}^{(N)} \left( \frac{\vec{r}_i e^t - \vec{r}_j e^t}{\xi(m_0^2, \lambda_0)} \right)
\end{aligned}$$

となる.よって

$$x_h = x_1$$

とすれば,これはスケーリング則そのものである.

Ising 模型における $\tanh \phi$ と $\phi$ の違いは,係数 $C_1$ の違いとして現れるだけである.したがってそれぞれの相関関数は,規格化因子を除いて,同じ連続極限をもつ.

## 【まとめ】——第7章

### ■ 1. Wilson のくりこみ群変換 $R_t$

Wilson のくりこみ群変換 $R_t$ のもとで運動量カットオフ $\Lambda$ の理論は，同じく運動量カットオフ $\Lambda$ の理論に変換される．

$$S \longrightarrow R_t S$$

ただし運動項は規格化されている．

### ■ 2. $S$ と $R_t S$ の関係

Boltzmann の重み $S$ によって与えられる理論は，重み $R_t S$ によって与えられる理論と物理的に等価だが，長さの尺度が異なる．

### ■ 3. $R_t$ のもとでの相関長の変化

理論 $S$ にとっての長さ $e^t l$ が，理論 $R_t S$ にとっての長さ $l$ に対応する．したがって $S$ の相関長 $\xi(S)$ と $R_t S$ の相関長 $\xi(R_t S)$ の関係は

$$\xi(S) = e^t \xi(R_t S)$$

### ■ 4. Wilson のくりこみ群方程式

$\Delta t$ を微小とすると，Wilson のくりこみ群方程式

$$\langle \phi(\vec{r}_1 e^t) \cdots \phi(\vec{r}_N e^t) \rangle_S = e^{N \gamma(S) \Delta t} \langle \phi(\vec{r}_1) \cdots \phi(\vec{r}_N) \rangle_{R_{\Delta t} S}$$

が成り立つ．$\gamma(S)$ は理論 $S$ におけるスカラー場のスケール次元を表す．

### ■ 5. 理論空間 $\mathcal{S}$

運動量カットオフ $\Lambda$ をもち，運動項が規格化されている Boltzmann の重み $S$ は無限次元理論空間 $\mathcal{S}$ を作る．

### ■ 6. Wilson のくりこみ群変換の線形化

不動点のまわりの無限小領域で，無限小の Wilson のくりこみ群変換は，線形化できる．理論のパラメターは，無限小変換の固有値が正の有意なパラメターと負の無意なパラメターに分けられる．

### ■ 7. 有意なパラメターと無意なパラメター

有意なパラメターと無意なパラメターは不動点のまわりの有限領域に拡張できる．パラメターの Wilson くりこみ群変換は，有限領域で線形に保つことができる．

$$\begin{cases} \frac{d}{dt}g_E = y_E g_E \\ \frac{d}{dt}g' = y'g' \\ \frac{d}{dt}g'' = y''g'' \\ \vdots = \vdots \end{cases}$$

### ■ 8. 臨界理論部分空間 $\mathcal{S}_{\mathrm{cr}}$

臨界の理論は，有意なパラメターがすべてゼロの部分空間 $\mathcal{S}_{\mathrm{cr}}$ をなす．有意なパラメターが $g_E$ ひとつだけの場合，

$$\mathcal{S}_{\mathrm{cr}} = \{g_E = 0\}$$

となる．

### ■ 9. 連続極限の空間 $\mathcal{S}_\infty$

連続極限は，無意なパラメターがすべてゼロの有限次元部分空間 $\mathcal{S}_\infty$ によって与えられる．

$$\mathcal{S}_\infty = \{(g_E, g', g'', \cdots) = (g_E, 0, 0, \cdots)\}$$

### ■ 10. 連続極限の普遍性

$\mathcal{S}_\infty$ は Wilson のくりこみ群変換だけで決まる．これが連続極限の普遍性をもたらす．

# 第8章
# 3次元スカラー理論の Gauss 不動点

摂動論的な取扱いのできる3次元 $\varphi^4$ 理論は,
ふたつの有意なパラメターを持つ理論である.
Wilson のくりこみ群を使って,この理論を理解しよう.

# 第8章 3次元スカラー理論のGauss不動点

$D = 3$（より一般には $2 < D < 4$）のスカラー理論にはふたつの不動点がある．ひとつは第7章で考えた不動点で，Wilson–Fisher の不動点とよばれる．もうひとつは質量ゼロの自由場に対応する Gauss（ガウス）の不動点である．ここでは両者の関係を説明しよう．特に，摂動的に構成する $D = 3$ の $\phi^4$ 理論が，Gauss 不動点から湧き出る $\mathcal{S}_\infty$ 上の理論に等しいことを説明しよう．

## 8.1 スケーリング則の導出

臨界状態にあるスカラー理論のなす部分空間 $\mathcal{S}_{\mathrm{cr}}$ には，ふたつの不動点 G（Gauss）と WF（Wilson–Fisher）がある（図 8.1）．

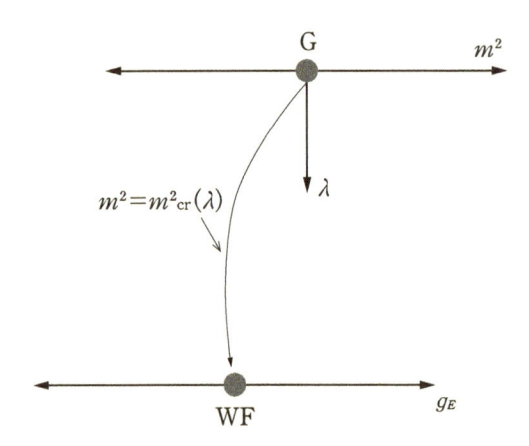

**図 8.1** G のまわりで定義される連続極限は，ふたつのパラメター $m^2$, $\lambda$ をもつ．与えられた $\lambda > 0$ のもとで，スカラー場の物理的な質量がゼロとなるのは，$m^2 = m_{\mathrm{cr}}^2(\lambda)$ で与えられる場合である．つまり，$m^2 > m_{\mathrm{cr}}^2(\lambda)$ では $Z_2$ 対称性が保たれ，$m^2 < m_{\mathrm{cr}}^2(\lambda)$ では自発的に破れる．臨界点にある理論は，Wilson のくりこみ群変換により，なじみ深い Wilson–Fisher の不動点に最終的に到達する．

1. G はふたつの有意なパラメター $m^2, \lambda$ をもつ．
2. WF はひとつしか有意なパラメターをもたない．WF の近傍で定義される有意なパラメター $g_E$ をもつ．第7章で説明したのはこの不動点である．

## 8.1 スケーリング則の導出

Gauss 不動点 G のまわりでも，Wilson のくりこみ群変換のもとでのパラメターの変化は，線形化することができる．いま，無意なパラメターはすべてゼロとし，G から湧き出てくる 2 次元の $\mathcal{S}_\infty$ を考えよう．くりこみ群方程式は，

$$\begin{cases} \frac{d}{dt}m^2 = 2m^2 + C\lambda^2 \\ \frac{d}{dt}\lambda = \lambda \end{cases}$$

となる．（これは実際に摂動論でチェックできる．）ここで，定数 $C$ は

$$C = -\frac{1}{6}\frac{1}{(4\pi)^2}$$

で与えられる．くりこみ群方程式は，完璧に対角化することはできず，$m^2$ は $\lambda^2$ と混ざってしまう[*1]．これを解いて，

$$\begin{cases} m^2(t) = \mathrm{e}^{2t}\left(m^2(0) + t\cdot C\lambda(0)^2\right) \\ \lambda(t) = \mathrm{e}^{t}\lambda(0) \end{cases}$$

が得られる．

さて，第 7 章では，固定された運動量カットオフをもつ理論を使って，Wilson のくりこみ群変換を導入した．以下では，格子理論にも Wilson のくりこみ群変換が同じように導入できると仮定して，3 次元立方格子上のスカラー理論を出発点としよう．Boltzmann の重みは

$$S = -\sum_{\vec{n}}\left[\frac{1}{2}\sum_{i=1}^{3}\left(\phi_{\vec{n}+\hat{i}} - \phi_{\vec{n}}\right)^2 + \frac{m_0^2}{2}\phi_{\vec{n}}^2 + \frac{\lambda_0}{4!}\phi_{\vec{n}}^4\right]$$

で与えられる．臨界点は，

$$m_0^2 = m_{0,\mathrm{cr}}^2(\lambda_0)$$

で与えられる．特に $\lambda_0 = 0$ のとき，自由場の理論を得るから，臨界点は

$$m_{0,\mathrm{cr}}^2(0) = 0$$

である．

$\lambda_0 > 0$ である限り，臨界状態にある理論に Wilson のくりこみ群変換 $R_t$ を作用すると，$t \to +\infty$ の極限で，Wilson–Fisher 不動点に達する．ところが，$\lambda_0 = 0$ の場合は特別で，$R_t$ を作用すると，$t \to \infty$ の極限で Gauss 不動点に達する（図 8.2 参照）．

---

[*1] $D$ が整数 (2,3) でなければ，単に $\frac{d}{dt}m^2 = 2m^2$ となる．

## 第8章 3次元スカラー理論の Gauss 不動点

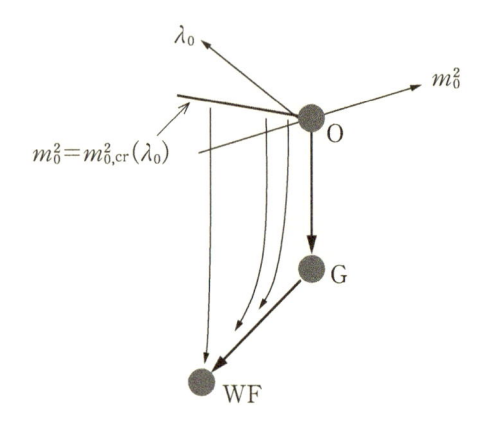

**図 8.2** 臨界状態にある $\phi^4$ 格子理論は Wilson のくりこみ群変換で, 最終的に Wilson–Fisher 不動点に達する. 唯一の例外は, $\lambda_0 = 0$ の場合で, Gauss 不動点に達する.

Gauss 不動点に達するためには, 臨界点を $m_0^2 = \lambda_0 = 0$ に選ばなければならない. この臨界点の近傍では, 有意なパラメターは $m_0^2$ と $\lambda_0$ に線形になる.

$$\begin{cases} m^2(m_0^2, \lambda_0) = A m_0^2 + B \lambda_0 \\ \lambda(m_0^2, \lambda_0) = A' m_0^2 + B' \lambda_0 \end{cases}$$

一方, 無意なパラメターは, 臨界点の極限をとって, 定数であるとして構わない.

$$\begin{cases} g'' = 定数 \\ g''' = 定数 \\ \vdots = \vdots \end{cases}$$

定数係数 $A, A', B'$ は, 次のように決めることができる. まず $\lambda_0 = 0$ とすると, 自由場の理論を得るから,

$$A = 1, \quad A' = 0$$

でなければならない. $B'$ は, 有意なパラメター $\lambda$ の規格化によって,

$$B' = 1$$

としてよい．$B$ だけが計算によって決めなければならない定数として残る[*2]．よって，

$$\begin{cases} m^2(m_0^2, \lambda_0) &= m_0^2 + B\lambda_0 \\ \lambda(m_0^2, \lambda_0) &= \lambda_0 \end{cases}$$

を得る．

Wilson のくりこみ群変換 $R_t$ によって，有意なパラメターは

$$\begin{cases} m^2(t) &= e^{2t}\left(m_0^2 + B\lambda_0 + Ct\lambda_0^2\right) \\ \lambda(t) &= e^t \lambda_0 \end{cases}$$

と変換する．一方，無意なパラメターは

$$\begin{aligned} g''(t) &= 定数\, e^{y''t} \\ \vdots &= \vdots \end{aligned}$$

となるから，十分大きな $t$ をとればすべてゼロと考えてよい．よって相関関数は，以下のようになる．

$$\begin{aligned} &\langle \phi_{\vec{n}_1 e^t} \cdots \phi_{\vec{n}_N e^t} \rangle_{m_0^2, \lambda_0} \\ &= \langle \phi_{\vec{n}_1 e^t} \cdots \phi_{\vec{r}_N e^t} \rangle_{m_0^2 + B\lambda_0, \lambda_0, g'', \cdots} \\ &= \exp\left[-N \int_0^t ds\, \gamma\left(m^2(s), \lambda(s), g'' e^{y''s}, \cdots\right)\right] \\ &\quad \times \langle \phi_{\vec{n}_1} \cdots \phi_{\vec{n}_N} \rangle_{m^2(t), \lambda(t), 0, \cdots} \\ &= e^{-\frac{N}{2}t} \exp\left[-N \int_0^t ds\, \left\{\gamma\left(m^2(s), \lambda(s), g'' e^{y''s}, \cdots\right) - \frac{1}{2}\right\}\right] \\ &\quad \times \langle \phi_{\vec{n}_1} \cdots \phi_{\vec{n}_N} \rangle_{m^2(t), \lambda(t)} \end{aligned}$$

ここで最後の相関関数は，$\mathcal{S}_\infty$ 上で定義されている．

いま，連続極限のパラメター $M^2, \lambda$ を，

$$\begin{cases} m^2(t) &= \frac{M^2}{\mu^2} \\ \lambda(t) &= \frac{u}{\mu} \end{cases}$$

となるように，$m_0^2, \lambda_0$ に $t$ 依存性を与えることにしよう．パラメター $M^2$ に質量次元 2，$u$ に質量次元 1 を与えるため，任意の質量パラメター $\mu$ を導入した．

---

[*2] この章の補説で，摂動計算によって $B = 1/(2\pi)^2$ を導く．

## 第 8 章 ■ 3 次元スカラー理論の Gauss 不動点

上で求めた $m^2(t), \lambda(t)$ を代入して，

$$\begin{cases} \frac{M^2}{\mu^2} &= e^{2t}\left(m_0^2 + B\lambda_0 + Ct\lambda_0^2\right) \\ \frac{u}{\mu} &= e^t \lambda_0 \end{cases}$$

を得る．したがって $m_0^2$ と $\lambda_0$ の $t$ 依存性が，

$$\begin{cases} m_0^2 &= -\frac{1}{\mu e^t} Bu + \frac{1}{\mu^2 e^{2t}}\left(M^2 - Ctu^2\right) \overset{t\to+\infty}{\longrightarrow} 0 \\ \lambda_0 &= \frac{1}{\mu e^t} u \overset{t\to+\infty}{\longrightarrow} 0 \end{cases}$$

と得られる．$t \to +\infty$ の極限で，臨界点 $m_0^2 = \lambda_0 = 0$ が得られる．

さて，上のように $m_0^2$ と $\lambda_0$ の $t$ 依存性をとって，Wilson のくりこみ群変換 $R_t$ を作用してみよう．相関関数は，

$$\begin{aligned}\langle \phi_{\vec{n}_1 e^t} \cdots \phi_{\vec{n}_N e^t}\rangle_{m_0^2, \lambda_0} \\ = e^{-\frac{N}{2}t} \exp\left[-N\int_0^t ds\left\{\gamma\left(m^2(s), \lambda(s), g'' e^{y''s}, \cdots\right) - \frac{1}{2}\right\}\right] \\ \times \langle \phi_{\vec{n}_1} \cdots \phi_{\vec{n}_N}\rangle_{\frac{M^2}{\mu^2}, \frac{u}{\mu}}\end{aligned}$$

となる．ただし，ここでパラメターは

$$\begin{cases} m^2(s) &= e^{2s}\left(m_0^2 + B\lambda_0 + Cs\lambda_0^2\right) \\ &= \frac{e^{2(s-t)}}{\mu^2}\left(M^2 + C(s-t)u^2\right) \\ \lambda(s) &= e^s \lambda_0 = \frac{u}{\mu}e^{s-t} \end{cases}$$

で与えられる．右辺の指数関数は，$t \to +\infty$ の極限で，

$$\begin{aligned}\lim_{t\to+\infty} \exp\left[-N\int_0^t ds\left\{\gamma\left(m^2(s), \lambda(s), g'' e^{y''s}, \cdots\right) - \frac{1}{2}\right\}\right] \\ = \exp\left[-N\int_0^\infty ds\left\{\gamma\left(0, 0, g'' e^{y''s}, \cdots\right) - \frac{1}{2}\right\}\right] \\ \times \exp\left[-N\int_{-\infty}^0 ds\left\{\gamma\left(\bar{m}^2(s), \bar{\lambda}(s), 0, \cdots\right) - \frac{1}{2}\right\}\right]\end{aligned}$$

ただし

$$\begin{cases} \bar{m}^2(s) &\equiv m^2(t+s) = e^{2s}\frac{1}{\mu^2}\left(M^2 + Csu^2\right) \\ \bar{\lambda}(s) &\equiv \lambda(t+s) = e^s \frac{u}{\mu} \end{cases}$$

となる*3.

よって，規格化定数を

$$Z \equiv \exp\left[-2\int_0^\infty ds \left\{\gamma\left(0, 0, g''e^{y''s}, \cdots\right) - \frac{1}{2}\right\}\right]$$

と定義すると，十分大きい $t$ についてスケーリング則

$$\begin{aligned}&\langle\phi_{\vec{n}_1 e^t}\cdots\phi_{\vec{n}_N e^t}\rangle_{m_0^2,\lambda_0}\\&= e^{-\frac{N}{2}t} Z^{\frac{N}{2}} \exp\left[-N\int_{-\infty}^0 ds \left\{\gamma\left(\bar{m}^2(s), \bar{\lambda}(s), 0, \cdots\right) - \frac{1}{2}\right\}\right]\\&\quad\times \langle\phi_{\vec{n}_1}\cdots\phi_{\vec{n}_N}\rangle_{\frac{M^2}{\mu^2},\frac{u}{\mu}}\end{aligned}$$

が得られる．ここで，$m_0^2$ と $\lambda_0$ は

$$\begin{cases} m_0^2 &= -e^{-t}B\frac{u}{\mu} + e^{-2t}\left(\frac{M^2}{\mu^2} - Ct\frac{u^2}{\mu^2}\right)\\ \lambda_0 &= e^{-t}\frac{u}{\mu}\end{cases}$$

で与えられていることを思い出そう．

## 8.2 連続極限

連続極限は，$\phi$ に質量次元 $\frac{1}{2}$ を与えて，

$$\boxed{\langle\phi(\vec{r}_1)\cdots\phi(\vec{r}_N)\rangle_{M^2,u;\mu} \equiv Z^{-\frac{N}{2}}\lim_{t\to\infty}\left(\mu e^t\right)^{\frac{N}{2}}\langle\phi_{\vec{r}_1\mu e^t}\cdots\phi_{\vec{r}_N\mu e^t}\rangle_{m_0^2,\lambda_0}}$$

と定義する．前節で最後に求めたスケーリング則より，

$$\langle\phi(\vec{r}_1)\cdots\phi(\vec{r}_N)\rangle_{M^2,u;\mu} = Z\left(\frac{M^2}{\mu^2}, \frac{u}{\mu}\right)^{-\frac{N}{2}}\langle\phi_{\mu\vec{r}_1}\cdots\phi_{\mu\vec{r}_N}\rangle_{\frac{M^2}{\mu^2},\frac{u}{\mu}}$$

を得る．ただし規格化因子は

$$Z(m^2,\lambda) \equiv \exp\left[2\int_{-\infty}^0 ds \left\{\gamma\left(\bar{m}^2(s), \bar{\lambda}(s), 0, \cdots\right) - \frac{1}{2}\right\}\right]$$

と

---

*3 同様の結果は，第 7 章で図 7.6 を使ってすでに導いた．

$$\begin{cases} \bar{m}^2(s) \equiv \mathrm{e}^{2s}\left(m^2 + Cs\lambda\right) \\ \bar{\lambda}(s) \equiv \mathrm{e}^{s}\lambda \end{cases}$$

によって与えられる．

連続極限の満たすくりこみ群方程式を導くには，定義にしたがってもいいし，または $\mathcal{S}_\infty$ 上の相関関数が満たすくりこみ群方程式

$$\begin{aligned}&\langle \phi_{\vec{n}_1 \mathrm{e}^{\Delta t}} \cdots \phi_{\vec{n}_N \mathrm{e}^{\Delta t}} \rangle_{m^2,\lambda} \\ &= \mathrm{e}^{-N\gamma(m^2,\lambda)\Delta t} \langle \phi_{\vec{n}_1} \cdots \phi_{\vec{n}_N} \rangle_{\mathrm{e}^{2\Delta t}m^2 + \Delta t \cdot C\lambda^2,\, \mathrm{e}^{\Delta t}\lambda}\end{aligned}$$

と，$Z(m^2,\lambda)$ の満たす

$$\left((2m^2 + C\lambda^2)\frac{\partial}{\partial m^2} + \lambda\frac{\partial}{\partial \lambda} - \gamma(m^2,\lambda) + \frac{1}{2}\right) Z(m^2,\lambda) = 0$$

とを使ってもよい．後者の方法を使って，たちまち

$$\boxed{\begin{aligned}&\langle \phi(\vec{r}_1 \mathrm{e}^{\Delta t}) \cdots \phi(\vec{r}_N \mathrm{e}^{\Delta t}) \rangle_{M^2, u;\, \mu} \\ &= \mathrm{e}^{-\frac{N}{2}\Delta t} \langle \phi(\vec{r}_1) \cdots \phi(\vec{r}_N) \rangle_{\mathrm{e}^{2\Delta t}M^2 + \Delta t \cdot Cu^2,\, \mathrm{e}^{\Delta t}u;\, \mu}\end{aligned}}$$

を得る．

次元解析より

$$\begin{aligned}&\langle \phi(\vec{r}_1 \mathrm{e}^{\Delta t}) \cdots \phi(\vec{r}_N \mathrm{e}^{\Delta t}) \rangle_{M^2 \mathrm{e}^{-2\Delta t}, u\mathrm{e}^{-\Delta t};\, \mu \mathrm{e}^{-\Delta t}} \\ &= \mathrm{e}^{-\frac{N}{2}\Delta t} \langle \phi(\vec{r}_1) \cdots \phi(\vec{r}_N) \rangle_{M^2, u;\, \mu}\end{aligned}$$

だから，上に導いたくりこみ群方程式と組み合わせれば，それと同等な

$$\boxed{\left(-\mu\frac{\partial}{\partial \mu} + Cu^2\frac{\partial}{\partial M^2}\right) \langle \phi(\vec{r}_1) \cdots \phi(\vec{r}_N) \rangle_{M^2, u;\, \mu} = 0}$$

を得る．

## 8.3 運動量カットオフ

運動量カットオフ $\Lambda = \mu \mathrm{e}^t$ をもつ $\phi^4$ 理論を使って連続極限をとるには，

$$\begin{cases} M^2_{\mathrm{bare}} \equiv \Lambda^2 m_0^2 = M^2 - Bu\Lambda - Cu^2 \ln\frac{\Lambda}{\mu} \\ u_{\mathrm{bare}} \equiv \Lambda\lambda_0 = u \end{cases}$$

として，Boltzmann の重みを

$$S = -\int d^3r \left[ \frac{1}{2}\sum_{i=1}^{3}(\partial_i\phi(\vec{r}))^2 + \frac{M_{\text{bare}}^2}{2}\phi(\vec{r})^2 + \frac{u}{4!}\phi(\vec{r})^4 \right]$$

とすればよい．運動量カットオフを使った場合の相関関数と格子模型の相関関数は，

$$\langle \phi(\vec{r}_1)\cdots\phi(\vec{r}_N) \rangle_{M_{\text{bare}}^2, u_{\text{bare}};\Lambda} = \Lambda^{\frac{N}{2}} \langle \phi_{\Lambda\vec{r}_1}\cdots\phi_{\Lambda\vec{r}_N} \rangle_{m_0^2, \lambda_0}$$

で関係づけられている．相関関数の連続極限は，

$$\langle \phi(\vec{r}_1)\cdots\phi(\vec{r}_N) \rangle_{M^2, u;\mu} \equiv \lim_{\Lambda\to\infty} \langle \phi(\vec{r}_1)\cdots\phi(\vec{r}_N) \rangle_{M_{\text{bare}}^2, u;\Lambda}$$

として得られる．これは摂動論で得られる結果に一致する（図 8.3）．

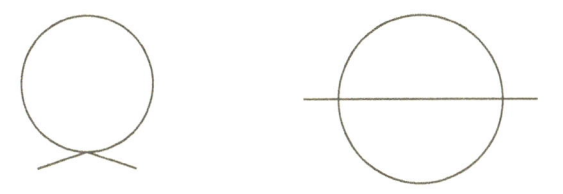

**図 8.3** 1 ループ，2 ループの Feynman グラフ．係数 $B$ は 1 ループのくりこみ，係数 $C$ は 2 ループのくりこみを表す．$B$ は $\Lambda$ に比例する発散量の係数，$C$ は $\ln\Lambda/\mu$ に比例する発散量の係数である．

逆に，摂動論を使って定数 $B, C$ を求めるには，$\Lambda \to \infty$ の極限がとれるように定数 $B$ と $C$ を決めればよい．$B$ は 2 乗質量の 1 ループでのくりこみ，$C$ は同じく 2 ループでのくりこみを表している．これより高いループ数のくりこみはない．章末の補説で定数 $B$ を計算しよう．

こうして，不動点がふたつある 3 次元のスカラー理論には，ふたつの連続極限があることがわかった．ひとつはふたつのパラメター $M^2, u$ をもち，もうひとつはたったひとつのパラメター $g_E$ をもつ．

ふたつの連続極限はどう関係しているのだろうか？ 不動点 G のまわりで得られる連続極限を考えよう．$u$ を固定して，$M^2$ をだんだん小さくすることを考える．$M^2$ が大きいとき，$Z_2$ 対称性は保たれているが，$M^2$ をある臨界の値

$M_{\mathrm{cr}}^2(u)$ より小さくすると，対称性は自発的に破れる．この状況は $\phi^4$ の格子理論またはカットオフ理論とまったく同じである．したがって G のまわりの連続極限の連続極限として，WF のまわりの連続極限が得られることが予想される．

$$\langle \phi(\vec{r}_1)\cdots\phi(\vec{r}_N)\rangle_{g_E;\mu} = \lim_{t\to\infty} \mathrm{e}^{Nx_h t}\langle \phi(\vec{r}_1\mathrm{e}^t)\cdots\phi(\vec{r}_N\mathrm{e}^t)\rangle_{M^2,u;\mu}$$

ただしここで $M^2$ は $u$ と $t$ に依存させて，

$$M^2 = M_{\mathrm{cr}}^2(u) + g_E \mathrm{e}^{-y_E t}$$

ととる．こうして得られる連続極限は，一般に $u$ によるが，その依存性は $g_E$ とスカラー場の規格化に現れるだけである．

次元解析すると

$$\langle \phi(\vec{r}_1\mathrm{e}^{-t})\cdots\phi(\vec{r}_N\mathrm{e}^{-t})\rangle_{M^2\mathrm{e}^{2t},u\mathrm{e}^t;\mu\mathrm{e}^t} = \mathrm{e}^{N\frac{t}{2}}\langle \phi(\vec{r}_1)\cdots\phi(\vec{r}_N)\rangle_{M^2,u;\mu}$$

だから，これを使うと上の（連続極限の）連続極限は，

$$\langle \phi(\vec{r}_1)\cdots\phi(\vec{r}_N)\rangle_{g_E;\mu}$$
$$= \lim_{t\to\infty} \mathrm{e}^{N(x_h-1/2)t}\langle \phi(\vec{r}_1)\cdots\phi(\vec{r}_N)\rangle_{\mathrm{e}^{2t}(M_{\mathrm{cr}}^2(u)+g_E\mathrm{e}^{-y_E t}),\mathrm{e}^t u;\mu\mathrm{e}^t}$$

と書き直すことができる．空間のスケール変換がいらなくなるかわりに，右辺は $\phi^4$ 理論の強結合の極限になるのである．$u$ が大きくなるとともに $M^2$ も大きくなって，物理的な 2 乗質量が有限（$|g_E|^{2/y_E}$ のオーダー）に保たれるようになっている．

付録 A では，具体的に線形 $\sigma$ 模型の場合に，Wilson–Fisher 不動点のまわりの連続極限を Gauss 不動点のまわりの連続極限の強結合（$u\to\infty$）極限として求めている．

# 第 8 章 補説

## ◆係数 $B$ の計算（1 ループ計算）

2 点関数の Fourier 変換は

$$\int d^3 r\, \mathrm{e}^{-i\vec{p}\cdot\vec{r}}\left\langle \phi(\vec{r})\phi(\vec{0})\right\rangle_{M_{\mathrm{bare}}^2,u} = \frac{1}{p^2+M^2+\Sigma(p)}$$

で与えられる．1ループ近似では，

$$\begin{aligned}
\Sigma(p) &= -Bu\Lambda + \frac{u}{2}\int_{q<\Lambda}\frac{d^3q}{(2\pi)^3}\frac{1}{q^2+M^2} \\
&= -Bu\Lambda + \frac{u}{2}\frac{4\pi}{(2\pi)^3}\int_0^\Lambda \frac{q^2}{q^2+M^2} \\
&= -Bu\Lambda + \frac{u}{2}\frac{1}{2\pi^2}\left(\Lambda - M\arctan\frac{\Lambda}{M}\right) \\
&\xrightarrow{\Lambda\to\infty} u\Lambda\left(-B + \frac{1}{(2\pi)^2}\right) - \frac{u}{8\pi}M
\end{aligned}$$

となる．これが極限をもつためには

$$B = \frac{1}{(2\pi)^2}$$

でなければならない．

# 【まとめ】——第8章

### ■ 1. ふたつの不動点

3次元スカラー理論には，Wilson–Fisher 不動点のほかに Gauss 不動点がある．Gauss 不動点はふたつの有意なパラメーターをもつ．

### ■ 2. 摂動論的な連続極限

摂動論的に構成できる連続極限は，Gauss 不動点から湧き出る2次元の $\mathcal{S}_\infty$ 上の理論に対応する．

### ■ 3. 運動量カットオフ

運動量カットオフを使うと，2乗質量のくりこみは，2ループまでしかないことがわかる．

$$\begin{cases} M_{\text{bare}}^2 = M^2 - Bu\Lambda - Cu^2\ln\frac{\Lambda}{\mu} \\ u_{\text{bare}} = u \end{cases}$$

係数 $B, C$ は，たとえば摂動論を使って計算できる．

$$\begin{cases} B = \dfrac{1}{(2\pi)^2} \\ C = -\dfrac{1}{6}\dfrac{1}{(4\pi)^2} \end{cases}$$

> # 第9章
> # 4次元スカラー理論の
> # くりこみ群による理解
>
> 4次元の$\varphi^4$理論のくりこみの本当の意味を理解しよう.
> 計算は少しやっかいだが,ここまで読み進んだ人にはもう慣れた計算である.

4次元の $\phi^4$ 理論は，場の理論，特にくりこみを学ぶ人だれもが一度は学ぶ重要な例である．摂動論を使う限り，理論には 2 乗質量と相互作用のパラメターのふたつの自由度があるように見える．しかし本当の連続極限をとると相互作用はなくなってしまう．したがって相互作用を残すには，カットオフは有限に保たねばならない．これらの特徴を Wilson のくりこみ群の視点から理解しよう．

## 9.1　4 次元 $\phi^4$ 理論の Gauss 不動点

4次元立方格子上に定義されたスカラー場 $\phi_{\vec{n}}$ の理論を考えよう．Boltzmann の重みは，

$$S = -\sum_{\vec{n}} \left[ \frac{1}{2} \sum_{i=1}^{4} \left( \phi_{\vec{n}+\hat{i}} - \phi_{\vec{n}} \right)^2 + \frac{m_0^2}{2} \phi_{\vec{n}}^2 + \frac{\lambda_0}{4!} \phi_{\vec{n}}^4 \right]$$

で与えられる．与えられた正数 $\lambda_0$ に対して，理論が臨界になるような 2 乗質量の値 $m_{0,\mathrm{cr}}^2(\lambda_0)$ が存在する．臨界点の理論に Wilson のくりこみ群変換 $R_t$ を作用すると，$t \to \infty$ の極限で，不動点に到達するのは $D < 4$ の場合と同じである．

$D = 4$ の場合が特別なのは，この不動点が質量ゼロの自由場の理論を与えることである．不動点のまわりで Wilson のくりこみ群変換を線形化すると，有意なパラメター $m^2$ を得ることができるが，これはスカラー粒子の 2 乗質量を表し，$\mathcal{S}_\infty$ 上の理論は 2 乗質量 $m^2$ の自由場の理論になってしまう．したがって，いままでの処方箋にしたがって連続極限をとると，相互作用がなくなってしまうのである．

そこで，以下に見るように，$t$ は無限にはとらず有限にとどめることにすれば，相互作用の大きさが $\frac{1}{t}$ 程度の理論が得られる．これが通常「4 次元 $\phi^4$ 理論」とよばれる理論である．

第 8 章で，$D = 3$ のスカラー理論には不動点がふたつあることを説明した．ひとつは Gauss 不動点で，これは質量ゼロの自由場の理論を与える．$D = 4$ の場合と異なり，この Gauss 不動点には有意なパラメターがふたつあり，相互作用のある $\phi^4$ 理論の連続極限を作ることができる．もうひとつの Wilson–Fisher

## 9.1 4 次元 $\phi^4$ 理論の Gauss 不動点

不動点が，ひとつの有意なパラメーターをもち，非自明な連続極限を与えることは，第 7 章で詳しく見たとおりである．

一般に，$2 < D < 4$ は同じ状況にある[*1]．$D$ を 4 に近づけるとふたつの不動点がだんだん近づいてくる．そして $D \to 4-$ の極限では，有意な方向をひとつ失って，ふたつの不動点が一致してしまう．つまりひとつしか有意な方向をもたない Gauss 不動点が得られるのである（図 9.1）．

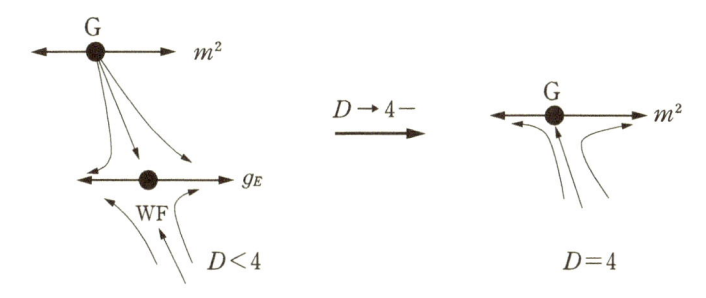

**図 9.1** $D \to 4-$ となるにしたがって Gauss 不動点と Wilson–Fisher 不動点は近づいて，極限では有意な方向をひとつしかもたない Gauss 不動点が得られる．

負のスケール次元をもつパラメーターがすべてゼロであるような理論空間の部分空間は，Wilson のくりこみ群のもとで閉じている．スケール次元が 0 以上のパラメーターはふたつあり，ひとつはスケール次元 2 の有意なパラメーター $m^2$，もうひとつはスケール次元 0 の**境界線上の**パラメーター $\lambda$ である[*2]．（境界線上のパラメーターは Wilson のくりこみ群変換のもとで大きくなる場合もあるし，4 次元 $\phi^4$ 理論のように小さくなる場合もある．大きくなる場合，境界線上のパラメーターは**有意な境界線上のパラメーター**とよび，小さくなる場合，**無意な境界線上のパラメーター**とよぼう．）

$m^2$ と $\lambda$ を座標とする 2 次元の部分空間に限ると，Wilson のくりこみ群方程

---

[*1] $D = 2$ は特別で，スカラー理論の空間は無限個の不動点をもつ．

[*2] ここで「境界線上の」パラメーターと訳語をつけたのは，英語では "marginal" なパラメーターである．英語を直訳すると「重要でない」「主流でない」のようになるが，ここでは意訳した．

式は，一般に次のように書ける．

$$\begin{cases} \frac{d}{dt}m^2 = (2+\beta_m(\lambda))\,m^2 \\ \frac{d}{dt}\lambda = \beta(\lambda) \end{cases}$$

ここで，$\beta_m$ と $\beta$ は $\lambda$ の関数で

$$\begin{cases} \beta_m(\lambda) = \beta_{m,1}\,\lambda + \mathrm{O}(\lambda^2) \\ \beta(\lambda) = \beta_1\lambda^2 + \beta_2\lambda^3 + \mathrm{O}(\lambda^4) \end{cases}$$

のように展開できる．次節で説明するように，$\lambda$ を再定義することによって，$\lambda$ のくりこみ群方程式を厳密に

$$\boxed{\frac{d}{dt}\lambda = -\lambda^2 + c\lambda^3}$$

と表すことができる．定数 $c$ は $\lambda$ を再定義しても変えることはできず，

$$c = \frac{17}{27}$$

である（図 9.2 を参照）．$\lambda < 1/c$ であれば，$t$ が大きくなるにつれ，$\lambda$ はますます小さくなることがわかる．すなわち，$\lambda$ は無意な境界線上のパラメーターである[*3]．同様に，$m^2$ を $\lambda$ に依存して規格化しなおすと，$m^2$ のくりこみ群方程式を厳密に

$$\boxed{\frac{d}{dt}m^2 = (2+\beta_m\cdot\lambda)\,m^2}$$

と表すことができる．これもまた次節で導こう．定数 $\beta_m$ も $m^2$ の規格化によって変えることはできず，

$$\beta_m = -\frac{1}{3}$$

である．よって，有意な $m^2$ のスケール次元は 2 より少しだけ小さくなる．

$\lambda$ の満たす方程式は変数分離型だから，簡単に解くことができる．

$$dt = \frac{d\lambda}{-\lambda^2 + c\lambda^3}$$

---

[*3] 第 10 章で有意な境界線上のパラメーターの例を見る．

## 9.1 4次元 $\phi^4$ 理論の Gauss 不動点

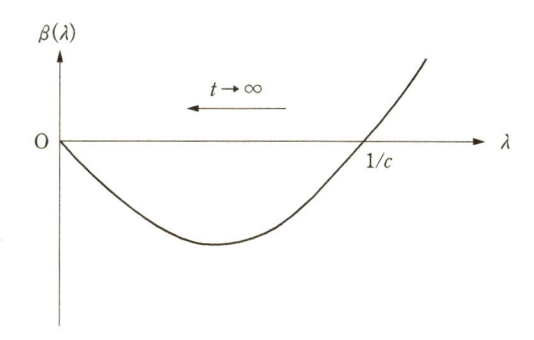

**図 9.2**  $\lambda(0) < 1/c$ のとき $\lambda(t)$ は $t$ が増加するにつれて，減少し，$t \to \infty$ でゼロになる．$\lambda = \frac{1}{c}$ に対応する Wilson くりこみ群の不動点は存在しない．

と書き直し，これを積分して，

$$t = \int^{\lambda(t)} dx \, \frac{1}{-x^2 + cx^3} = \int^{\lambda(t)} dx \left(-\frac{1}{x^2} - \frac{c}{x} - \frac{c^2}{1-cx}\right)$$
$$= \frac{1}{\lambda(t)} - c \ln \frac{\lambda(t)}{1 - c\lambda(t)} + 定数$$

を得る．よって

$$\boxed{\Lambda_L(\lambda) \equiv e^{\frac{1}{\lambda}} \left(\frac{\lambda}{1-c\lambda}\right)^{-c}}$$

を定義すれば，$\lambda(t)$ は

$$\Lambda_L(\lambda(t)) = e^t \Lambda_L(\lambda(0))$$

により決まる[*4]．ここでは相互作用が小さい場合を考えるので，

$$\lambda < \frac{1}{c} = \frac{27}{17}$$

とすれば，$\Lambda_L(\lambda)$ は有限である．

$0 < \lambda < 1/c$ で，$\Lambda_L(\lambda)$ は $\lambda$ の減少関数である．特に

$$\Lambda_L(\lambda) \approx e^{\frac{1}{\lambda}} \quad (\lambda \ll 1)$$

---

[*4] 第 9.2 節では，$\lambda(t)$ をより正確な記法を使って $\bar{\lambda}(t; \lambda)$ と書いている．

である．$t \to \infty$ で

$$\lambda(t) \approx \frac{1}{t}$$

だから，$\lambda$ の $t$ への依存性が指数関数的ではなく，$t \to \infty$ での減衰は緩やかである．

次に，有意なパラメター $m^2$ のくりこみ群方程式を解こう．$\lambda$ のくりこみ群方程式を使って，

$$\frac{d}{dt}\left(\frac{\lambda}{1-c\lambda}\right)^p = -p\lambda \cdot \left(\frac{\lambda}{1-c\lambda}\right)^p$$

を得る．よって $m^2$ のくりこみ群方程式は，

$$\frac{d}{dt}\left(\left(\frac{\lambda}{1-c\lambda}\right)^{\beta_m} m^2\right) = 2\left(\frac{\lambda}{1-c\lambda}\right)^{\beta_m} m^2$$

と書き直すことができる．よって

$$\left(\frac{\lambda(t)}{1-c\lambda(t)}\right)^{\beta_m} m^2(t) = e^{2t} \left(\frac{\lambda(0)}{1-c\lambda(0)}\right)^{\beta_m} m^2(0)$$

を得る．したがって

$$m^2(t) = e^{2t} \left(\frac{\lambda(0)}{\lambda(t)} \frac{1-c\lambda(t)}{1-c\lambda(0)}\right)^{\beta_m} m^2(0)$$

と解くことができる[*5]（図 9.3 を参照）．

## 9.2　$m^2$ と $\lambda$ だけに依存する相関関数

前節では，負のスケール次元をもつ無意パラメターがすべてゼロであるような理論空間の部分空間を考えた．そして，この空間の座標 $m^2$ と $\lambda$ をうまくとれば，Wilson のくりこみ群変換が

$$\begin{cases} \frac{d}{dt} m^2 = (2+\beta_m \lambda) m^2 \\ \frac{d}{dt} \lambda = -\lambda^2 + c\lambda^3 \end{cases}$$

---

[*5] 第 9.2 節では $m^2(t)$ をより正確な記法を使って，$\bar{m}^2(t; m^2, \lambda)$ と表している．

## 9.2 $m^2$ と $\lambda$ だけに依存する相関関数

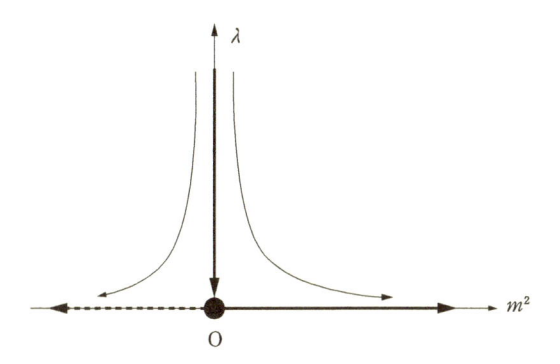

**図 9.3** $t$ が大きくなるにしたがって，$\lambda$ は小さくなり，$m^2$ は大きくなる．$\lambda$ は境界線上の無意なパラメターで，$t \to \infty$ では $1/t$ のようにゆっくりとゼロになる．

と簡単化できると書いた．ここでは，まずこの結果を示そう．

無意のパラメターがすべてゼロである場合，スケール次元 2 の $m^2$ とスケール次元 0 の $\lambda$ に対するくりこみ群変換の一般形は，

$$\begin{cases} \frac{d}{dt}m^2 &= (2+\beta_m(\lambda))\, m^2 \\ \frac{d}{dt}\lambda &= \beta(\lambda) \end{cases}$$

で与えられる．ここで，$\beta_m(\lambda), \beta(\lambda)$ を小さい $\lambda$ について展開すると

$$\begin{cases} \beta_m(\lambda) &= \beta_{m,1}\lambda + \mathrm{O}(\lambda^2) \\ \beta(\lambda) &= \beta_1\lambda^2 + \beta_2\lambda^3 + \mathrm{O}(\lambda^4) \end{cases}$$

となる．ただし，$\beta_1 < 0$ である．

まず $\lambda$ について考えよう[*6]．$(-\beta_1)\lambda$ を $\lambda$ と再定義すれば，

$$\beta_1 = -1$$

とすることができる．つぎに $\tilde{\Lambda}_L(\lambda)$ を

$$\tilde{\Lambda}_L(\lambda) \equiv e^{\frac{1}{\lambda}} \left(\frac{\lambda}{1-\beta_2\lambda}\right)^{-\beta_2} \exp\left[\int_0^\lambda ds \left(\frac{1}{\beta(\lambda)} - \frac{1}{-\lambda^2+\beta_2\lambda^3}\right)\right]$$

---

[*6] たいていの教科書では，$\beta(\lambda) = -\frac{3\lambda^2}{(4\pi)^2} + \frac{17}{3}\frac{\lambda^3}{(4\pi)^4} + \cdots$ と与えられているはずである．

で定義すると，これは
$$\beta(\lambda)\frac{d}{d\lambda}\tilde{\Lambda}_L(\lambda) = \tilde{\Lambda}_L(\lambda)$$
を満たす．$\lambda'$ を
$$\Lambda_L(\lambda') \equiv \tilde{\Lambda}_L(\lambda)$$
で定義すれば，
$$\frac{d}{dt}\lambda' = -\lambda'^2 + \beta_2 \lambda'^3$$
が成り立つ．$\lambda'$ を $\lambda$ と再定義すればよい．このとき $c = \beta_2$ となる．これ以上 $\lambda$ をいくら再定義しても，$c$ をゼロにすることはできない．

つぎに $m^2$ について考えよう．$\lambda$ は上で再定義した $\lambda$ を使う．
$$\tilde{m}^2 \equiv m^2 \exp\left[-\int_0^\lambda ds \frac{\beta_m(s) - \beta_{m,1}s}{-s^2 + cs^3}\right]$$
と定義すると，これは
$$\frac{d}{dt}\tilde{m}^2 = (2 + \beta_{m,1}\lambda)\tilde{m}^2$$
を満たす．よって，$\tilde{m}^2$ を $m^2$ と再定義すればよい．今後，係数 $\beta_{m,1}$ を単に $\beta_m$ と書く．これ以上 $m^2$ を再定義しても $\beta_m$ をゼロにすることはできない．

さて，相関関数は，Wilson のくりこみ群変換のもとで
$$\langle \phi_{\vec{n}_1 e^{\Delta t}} \cdots \phi_{\vec{n}_N e^{\Delta t}} \rangle_{m^2, \lambda}$$
$$= e^{-N\gamma(m^2,\lambda)\Delta t} \langle \phi_{\vec{n}_1} \cdots \phi_{\vec{n}_N} \rangle_{m^2(1+\Delta t(2+\beta_m\lambda)),\lambda+\Delta t(-\lambda^2+c\lambda^3)}$$
と変換される．ここで，Gauss 不動点でのスカラー場のスケール次元は
$$\gamma(0,0) = 1$$
である．スカラー場の規格化を変えて
$$\Phi_{\vec{n}} \equiv Z(m^2,\lambda)^{-\frac{1}{2}} \phi_{\vec{n}}$$
を定義する．もし $Z(m^2,\lambda)$ を

## 9.2 $m^2$ と $\lambda$ だけに依存する相関関数

$$Z\left(m^2(1+\Delta t(2+\beta_m\lambda)), \lambda+\Delta t(-\lambda^2+c\lambda^3)\right)$$
$$= e^{2(\gamma(m^2,\lambda)-1)\Delta t} Z(m^2,\lambda)$$

を満たすようにとるならば，$\Phi$ の相関関数は，Wilson のくりこみ群変換のもとで

$$\langle \Phi_{\vec{n}_1 e^{\Delta t}} \cdots \Phi_{\vec{n}_N e^{\Delta t}} \rangle_{m^2,\lambda}$$
$$= e^{-N\Delta t} \langle \Phi_{\vec{n}_1} \cdots \Phi_{\vec{n}_N} \rangle_{m^2(1+\Delta t(2+\beta_m\lambda)),\lambda+\Delta t(-\lambda^2+c\lambda^3)}$$

となる．（つまり $\gamma(m^2,\lambda)$ が 1 になる．）$Z(m^2,\lambda)$ を求めることは後回しにして，まずこの式を解こう．

相関長は，

$$\xi(m^2,\lambda) \equiv \left[\left(\frac{\lambda}{1-c\lambda}\right)^{\beta_m}|m^2|\right]^{-\frac{1}{2}} \Xi(R)$$

の形に表すことができる．ここで

$$R(m^2,\lambda) \equiv \frac{1}{\Lambda_L(\lambda)^2}\left(\frac{\lambda}{1-c\lambda}\right)^{\beta_m} m^2$$

と定義される $R$ は**くりこみ群不変量**で，

$$\boxed{\left((-\lambda^2+c\lambda^3)\frac{\partial}{\partial\lambda} + (2+\beta_m\lambda)m^2\frac{\partial}{\partial m^2}\right) R(m^2,\lambda) = 0}$$

を満たす．$\xi$ を与える関数 $\Xi(R)$ はくりこみ群の考察からは決められない．$m^2>0$ の場合，$\lambda\to 0$ の極限では，

$$\xi(m^2,\lambda) = \frac{1}{\sqrt{m^2}}$$

となる．また

$$\xi(0,\lambda) = +\infty$$

である．

相関長を使えば，くりこみ群方程式の一般解を，

$$\langle \Phi_{\vec{n}_1} \cdots \Phi_{\vec{n}_N} \rangle_{m^2, \lambda} = \frac{1}{\xi(m^2, \lambda)^N} F_{\pm}^{(N)} \left( \frac{\vec{n}_i - \vec{n}_j}{\xi(m^2, \lambda)}, R(m^2, \lambda) \right)$$

と表すことができる．スケーリング関数 $F_{\pm}^{(N)}$ のくりこみ群不変量，つまり $\frac{\vec{n}_i - \vec{n}_j}{\xi(m^2, \lambda)}$ と $R(m^2, \lambda)$ への依存性は，くりこみ群方程式だけからは決められない．

では，$Z(m^2, \lambda)$ を求めよう*7．$Z(m^2, \lambda)$ の満たすべき式は，微分方程式

$$\left( (2 + \beta_m \lambda) m^2 \partial_{m^2} + (-\lambda^2 + c\lambda^3) \partial_\lambda \right) \ln Z(m^2, \lambda) = 2 \left( \gamma(m^2, \lambda) - 1 \right)$$

として書き直せる．この微分方程式を解くために，まず $\bar{\lambda}(t; \lambda)$ を

$$\Lambda_L \left( \bar{\lambda}(t; \lambda) \right) = e^t \Lambda_L(\lambda)$$

で定義する．これは微分方程式

$$\partial_t \bar{\lambda}(t; \lambda) = - \left\{ \bar{\lambda}(t; \lambda) \right\}^2 + c \left\{ \bar{\lambda}(t; \lambda) \right\}^3$$

の解で，初期条件 $\bar{\lambda}(0; \lambda) = \lambda$ を満たす．次に $\bar{m}^2(t; m^2, \lambda)$ を

$$\left( \frac{\bar{\lambda}(t; \lambda)}{1 - c\bar{\lambda}(t; \lambda)} \right)^{\beta_m} \bar{m}^2(t; m^2, \lambda) = e^{2t} \left( \frac{\lambda}{1 - c\lambda} \right)^{\beta_m} m^2$$

で定義する．これが満たす微分方程式は，

$$\partial_t \bar{m}^2(t; m^2, \lambda) = \left( 2 + \beta_m \cdot \bar{\lambda}(t; \lambda) \right) \bar{m}^2(t; m^2, \lambda)$$

で，初期条件 $\bar{m}^2(0; m^2, \lambda) = m^2$ を満たす*8．

$\bar{\lambda}$ と $\bar{m}^2$ を使って，$Z(m^2, \lambda)$ の特別解が

$$Z(m^2, \lambda) \equiv \exp \left[ 2 \int_{-t}^{0} d\tau \left\{ \gamma \left( \bar{m}^2(\tau; m^2, \lambda), \bar{\lambda}(\tau; \lambda) \right) - 1 \right\} \right.$$
$$\left. - 2 \int_{-t}^{\infty} d\tau \left\{ \gamma(0, \bar{\lambda}(\tau; \lambda)) - 1 \right\} \right]$$

と与えられることを示そう．ここで $t$ は十分大きな正数である．まず 2 番目の積分が収束することを確かめよう．

---

*7 この導出は少し長い．この節の末尾に与えられた結果を認めて，読み進めてもらって構わない．

*8 $\bar{\lambda}(t; \lambda)$ と $\bar{m}^2(t; m^2, \lambda)$ はこれまで大雑把に $\lambda(t)$, $m^2(t)$ と書いてきたものである．

$$\gamma(0,\lambda) - 1 = \mathrm{O}(\lambda^2)$$

であることを仮定すると[*9],

$$\gamma\left(0, \bar{\lambda}(\tau;\lambda)\right) - 1 \stackrel{\tau \to \infty}{\Longrightarrow} \mathrm{O}\left(\frac{1}{\tau^2}\right)$$

となって，積分は収束することがわかる．次に $t \gg 1$ である限り $Z(m^2,\lambda)$ は $t$ に依存しないことを示そう．$t \gg 1$ のとき，

$$\bar{m}^2(-t; m^2, \lambda) = \mathrm{O}(\mathrm{e}^{-2t})$$

であるから

$$\begin{aligned}\partial_t \ln Z(m^2,\lambda) &= 2\left(\gamma\left(\bar{m}^2(-t;m^2,\lambda), \bar{\lambda}(-t;\lambda)\right) - \gamma\left(0, \bar{\lambda}(-t;\lambda)\right)\right) \\ &= 0\end{aligned}$$

となって，$Z(m^2,\lambda)$ は $t \gg 1$ に依らなくなる．最後に $Z(m^2,\lambda)$ が与えられた微分方程式を満たすことを示そう．

$$\begin{aligned}&\left(\partial_t + (2+\beta_m\lambda)\, m^2 \partial_{m^2} + (-\lambda^2 + c\lambda^3)\partial_\lambda\right) \\ &\quad \times \int_{-t}^{0} d\tau \left\{\gamma\left(\bar{m}^2(\tau;m^2,\lambda), \bar{\lambda}(\tau;\lambda)\right) - 1\right\} = 2\left(\gamma(m^2,\lambda) - 1\right)\end{aligned}$$

および

$$\left(\partial_t + (-\lambda^2 + c\lambda^3)\partial_\lambda\right) \int_{-t}^{\infty} d\tau \left\{\gamma\left(0, \bar{\lambda}(\tau;\lambda)\right) - 1\right\} = 0$$

より

$$\begin{aligned}&\left(\partial_t + (2+\beta_m\lambda)\, m^2 \partial_{m^2} + (-\lambda^2 + c\lambda^3)\partial_\lambda\right) \ln Z(m^2,\lambda) \\ &= 2\left(\gamma(m^2,\lambda) - 1\right)\end{aligned}$$

が導かれる．$Z(m^2,\lambda)$ が $t$ に依らないことから，それが満たすべき微分方程式の解になっていることがわかる．

以上の結果をまとめると，$m^2$ と $\lambda$ だけに依存する相関関数は，

$$\langle \phi_{\vec{n}_1} \cdots \phi_{\vec{n}_N} \rangle_{m^2,\lambda} = Z(m^2,\lambda)^{\frac{N}{2}} \langle \Phi_{\vec{n}_1} \cdots \Phi_{\vec{n}_N} \rangle_{m^2,\lambda}$$

---

[*9] これは摂動計算で確かめられる．

$$= Z(m^2,\lambda)^{\frac{N}{2}} \frac{1}{\xi(m^2,\lambda)^N} F_{\pm}^{(N)}\left(\frac{\vec{n}_i - \vec{n}_j}{\xi(m^2,\lambda)}, R(m^2,\lambda)\right)$$

と表される．ただしここで規格化因子 $Z(m^2,\lambda)$ は，十分大きな $t$ を使って，

$$\boxed{\begin{aligned} Z(m^2,\lambda) \equiv \exp\Bigg[ & 2\int_{-t}^{0} d\tau \left\{\gamma\left(\bar{m}^2(\tau;m^2,\lambda),\bar{\lambda}(\tau;\lambda)\right) - 1\right\} \\ & -2\int_{-t}^{\infty} d\tau \left\{\gamma(0,\bar{\lambda}(\tau;\lambda)) - 1\right\}\Bigg] \end{aligned}}$$

と表せる．$Z(m^2,\lambda)$ は $t$ に依らない．

## 9.3 スケーリング則の導出

　正真正銘の連続極限を与える $\mathcal{S}_\infty$ は，$m^2$ だけをパラメターとする．境界線上のパラメター $\lambda$ が無意だからである．$\lambda = 0$ では，$m^2 \geq 0$ でなければならず，2乗質量が $m^2$（または相関長が $1/m$）である自由場の理論が得られる．

　それでは，通常「$\phi^4$ 理論」とよばれる相互作用のある理論は，どう理解できるのだろうか？　ほぼ連続な空間を得るためには，与えられた $\lambda_0$ に対して，$m_0^2$ を臨界値 $m_{0,\mathrm{cr}}^2(\lambda_0)$ に近づけなければならない．格子間隔の物理的な長さが十分に短い（つまり相関長が格子間隔に比べて十分長い）ことで満足するならば，相互作用を残すことができる．$\lambda > 0$ である限り，$m^2$ は負でもよく，$Z_2$ 対称性が自発的に破れている理論を得ることができる．

　不動点の近傍で，理論は $m^2, \lambda$ のほか負のスケール次元をもつ無意なパラメター $g'', \cdots$ で表されるとしよう．$m_0^2, \lambda_0$ をパラメターとする $\phi^4$ 格子理論は臨界点の近傍では

$$\begin{aligned} m^2 &= m^2(m_0^2, \lambda_0) \\ \lambda &= \lambda(m_0^2, \lambda_0) \simeq \lambda(m_{0,\mathrm{cr}}^2(\lambda_0), \lambda_0) = \lambda(\lambda_0) \\ g'' &= g''(m_0^2, \lambda_0) \simeq g''(m_{0,\mathrm{cr}}^2(\lambda_0), \lambda_0) = g''(\lambda_0) \\ \vdots &= \vdots \end{aligned}$$

で与えられるとする．$\lambda$ 以下の無意なパラメターはすべて $\lambda_0$ だけの関数と考えてよい．$m_0^2 - m_{0,\mathrm{cr}}^2(\lambda_0)$ は小さなパラメター $m^2$ の冪で展開でき，$m^2$ が十

9.3 スケーリング則の導出　143

分小さければ，1次近似できる[*10].

$$m_0^2 = m_{0,\text{cr}}^2(\lambda_0) + z_m(\lambda_0)m^2$$

十分大きな $t$ をとると $R_t$ によって $g''$ 以下の無意なパラメターはすべてゼロになる．しかし $\lambda$ はゆっくり小さくなるから，それは残しておく．よって，Wilson のくりこみ群変換 $R_t$ のもとで

$$\begin{aligned}
&\langle \phi_{\vec{n}_1 e^t} \cdots \phi_{\vec{n}_N e^t} \rangle_{m_0^2, \lambda_0} \\
&= \langle \phi_{\vec{n}_1 e^t} \cdots \phi_{\vec{n}_N e^t} \rangle_{m^2(m_0^2, \lambda_0), \lambda(\lambda_0), g''(\lambda_0), \cdots} \\
&= \exp\left[-n \int_0^t d\tau\, \gamma\left(m^2(\tau), \lambda(\tau), g''(\tau), \cdots\right)\right] \langle \phi_{\vec{n}_1} \cdots \phi_{\vec{n}_N} \rangle_{m^2(t), \lambda(t)} \\
&= \exp\left[-n \int_0^t d\tau\, \{\gamma(m^2(\tau), \lambda(\tau), g''(\tau), \cdots) - \gamma(m^2(\tau), \lambda(\tau))\}\right] \\
&\quad \times \exp\left[-n \int_0^t d\tau\, \gamma\left(m^2(\tau), \lambda(\tau)\right)\right] \langle \phi_{\vec{n}_1} \cdots \phi_{\vec{n}_N} \rangle_{m^2(t), \lambda(t)}
\end{aligned}$$

を得る．$\tau$ が大きければ

$$\gamma(m^2(\tau), \lambda(\tau), g''(\tau), \cdots) = \gamma(m^2(\tau), \lambda(\tau), 0, \cdots) = \gamma(m^2(\tau), \lambda(\tau))$$

としてよいから，十分小さな $m^2$，十分大きな $t$ について

$$\begin{aligned}
&\exp\left[-2 \int_0^t d\tau\, \{\gamma\left(m^2(\tau), \lambda(\tau), g''(\tau), \cdots\right) - \gamma\left(m^2(\tau), \lambda(\tau)\right)\}\right] \\
&\xrightarrow{m^2 \to 0, t \to \infty} \exp\left[-2 \int_0^\infty d\tau\, \{\gamma(0, \lambda(\tau), g''(\tau), \cdots) - \gamma(0, \lambda(\tau))\}\right] \\
&\equiv Z(\lambda_0)
\end{aligned}$$

は，$m^2$ にも $t$ にも依存しない定数になる．よって

$$\begin{aligned}
\langle \phi_{\vec{n}_1 e^t} \cdots \phi_{\vec{n}_N e^t} \rangle_{m^2(m_0^2, \lambda_0), \lambda(\lambda_0), g''(\lambda_0), \cdots} &= Z(\lambda_0)^{\frac{N}{2}} e^{-Nt} \\
\times \exp\left[-N \int_0^t d\tau\, \{\gamma\left(m^2(\tau), \lambda(\tau)\right) - 1\}\right] &\langle \phi_{\vec{n}_1} \cdots \phi_{\vec{n}_N} \rangle_{m^2(t), \lambda(t)}
\end{aligned}$$

を得る．

いま，$m_0^2, \lambda_0$ の代わりに $\frac{M^2}{\mu^2}$ と $\lambda$ を理論のパラメターとして選ぼう．そし

---

[*10] 第 7.5 節で得た $m_0^2 = m_{0,\text{cr}}^2(\lambda_0) + \frac{1}{A(\lambda_0)}(\bar{g}_E e^{-y_E t})$ のアナロジーになっている．

て, $m_0^2$ と $\lambda_0$ は

$$\begin{cases} m^2(t) = \bar{m}^2\left(t; m^2(m_0^2, \lambda_0), \lambda(\lambda_0)\right) = \dfrac{M^2}{\mu^2} \\ \lambda(t) = \bar{\lambda}\left(t; \lambda(\lambda_0)\right) = \lambda \end{cases}$$

となるように選ぶことにしよう. ここで $M^2$ と $\mu^2$ はともに質量次元 2 をもつ. 一方, $\lambda$ は無次元である. 定義より

$$\Lambda_L(\lambda(\lambda_0)) = \mathrm{e}^{-t}\Lambda_L(\lambda)$$

および

$$m^2(m_0^2, \lambda_0) = \mathrm{e}^{-2t}\left(\frac{1-c\lambda(\lambda_0)}{\lambda(\lambda_0)}\frac{\lambda}{1-c\lambda}\right)^{\beta_m}\frac{M^2}{\mu^2}$$

を得る. よって

$$\begin{aligned} m_0^2 - m_{0,\mathrm{cr}}^2(\lambda_0) &= z_m(\lambda_0) m^2(m_0^2, \lambda_0) \\ &= z_m(\lambda_0) \mathrm{e}^{-2t}\left(\frac{1-c\lambda(\lambda_0)}{\lambda(\lambda_0)}\frac{\lambda}{1-c\lambda}\right)^{\beta_m}\frac{M^2}{\mu^2} \end{aligned}$$

となる.

さて, $\frac{M^2}{\mu^2}$ と $\lambda$ の定義から,

$$\begin{cases} m^2(\tau) = \bar{m}^2(\tau - t; M^2/\mu^2, \lambda) \\ \lambda(\tau) = \bar{\lambda}(\tau - t; \lambda) \end{cases}$$

を得る. したがって

$$\begin{aligned} & Z(\lambda_0)^{-\frac{N}{2}} \langle \phi_{\vec{n}_1 \mathrm{e}^t} \cdots \phi_{\vec{n}_N \mathrm{e}^t} \rangle_{m^2(m_0^2, \lambda_0), \lambda(\lambda_0), g''(\lambda_0), \cdots} \\ &= \exp\left[-N \int_0^t d\tau \left\{\gamma\left(m^2(\tau), \lambda(\tau)\right) - 1\right\}\right] \mathrm{e}^{-Nt} \langle \phi_{\vec{n}_1} \cdots \phi_{\vec{n}_N} \rangle_{M^2/\mu^2, \lambda} \\ &= \exp\left[-N \int_0^t d\tau \left\{\gamma\left(\bar{m}^2(\tau - t; M^2/\mu^2, \lambda), \bar{\lambda}(\tau - t; \lambda)\right) - 1\right\}\right] \\ & \quad \times \mathrm{e}^{-Nt} \langle \phi_{\vec{n}_1} \cdots \phi_{\vec{n}_N} \rangle_{M^2/\mu^2, \lambda} \\ &= \exp\left[-N \int_{-t}^0 d\tau \left\{\gamma\left(\bar{m}^2(\tau; M^2/\mu^2, \lambda), \bar{\lambda}(\tau; \lambda)\right) - 1\right\}\right] \\ & \quad \times \mathrm{e}^{-Nt} \langle \phi_{\vec{n}_1} \cdots \phi_{\vec{n}_N} \rangle_{M^2/\mu^2, \lambda} \end{aligned}$$

である. ここで第 9.2 節の結果

## 9.3 スケーリング則の導出

を思い出そう．

$$\langle \phi_{\vec{n}_1} \cdots \phi_{\vec{n}_N} \rangle_{m^2, \lambda} = Z(m^2, \lambda)^{\frac{N}{2}} \frac{1}{\xi(m^2, \lambda)^N} F_{\pm}^{(N)} \left( \frac{\vec{n}_i - \vec{n}_j}{\xi(m^2, \lambda)}, R(m^2, \lambda) \right)$$

を思い出そう．$\xi(m^2, \lambda)$ は相関長を与え，$R(m^2, \lambda)$ は

$$R(m^2, \lambda) \equiv \frac{m^2}{\Lambda_L(\lambda)^2} \left( \frac{\lambda}{1 - c\lambda} \right)^{\beta_m}$$

で定義されるくりこみ群不変量である．さらに $Z(m^2, \lambda)$ は微分方程式

$$((2 + \beta_m \lambda) m^2 \partial_{m^2} + (-\lambda^2 + c\lambda^3) \partial_\lambda) \ln Z(m^2, \lambda) = 2 \left( \gamma(m^2, \lambda) - 1 \right)$$

の解で，

$$Z(m^2, \lambda) \equiv \exp\left[ 2 \int_{-t}^{0} d\tau \left\{ \gamma\left( \bar{m}^2(\tau; m^2, \lambda), \bar{\lambda}(\tau; \lambda) \right) - 1 \right\} \right]$$
$$\times \exp\left[ -2 \int_{-t}^{\infty} d\tau \left\{ \gamma(0, \bar{\lambda}(\tau; \lambda)) - 1 \right\} \right]$$

と与えられる．($t$ が十分大きければ，$Z(m^2, \lambda)$ は $t$ に依存しない．)

この結果を使って，

$$Z(\lambda_0)^{-\frac{N}{2}} \langle \phi_{\vec{n}_1 e^t} \cdots \phi_{\vec{n}_N e^t} \rangle_{m^2(m_0^2, \lambda_0), \lambda(\lambda_0), g''(\lambda_0), \cdots}$$
$$= \exp\left[ -N \int_{-t}^{\infty} d\tau \left\{ \gamma\left(0, \bar{\lambda}(\tau; \lambda)\right) - 1 \right\} \right]$$
$$\times \frac{e^{-Nt}}{\xi(M^2/\mu^2, \lambda)^N} F_{\pm}^{(N)} \left( \frac{\vec{n}_i - \vec{n}_j}{\xi(M^2/\mu^2, \lambda)}, R(M^2/\mu^2, \lambda) \right)$$
$$= \exp\left[ -N \int_{0}^{\infty} d\tau \left\{ \gamma(0, \lambda(\tau)) - 1 \right\} \right]$$
$$\times \frac{e^{-Nt}}{\xi(M^2/\mu^2, \lambda)^N} F_{\pm}^{(N)} \left( \frac{\vec{n}_i - \vec{n}_j}{\xi(M^2/\mu^2, \lambda)}, R(M^2/\mu^2, \lambda) \right)$$

を得る．

ここで

$$Z(\lambda_0) \equiv \exp\left[ -2 \int_{0}^{\infty} d\tau \left\{ \gamma(0, \lambda(\tau), g''(\tau), \cdots) - \gamma(0, \lambda(\tau)) \right\} \right]$$

を思い出し，

$$\mathcal{Z}(\lambda_0) \equiv Z(\lambda_0) \exp\left[ -2 \int_{0}^{\infty} d\tau \left\{ \gamma(0, \lambda(\tau)) - 1 \right\} \right]$$

$$= \exp\left[-2\int_0^\infty d\tau\,\{\gamma(0,\lambda(\tau),g''(\tau),\cdots)-1\}\right]$$

とおけば，スケーリング則

$$\boxed{\begin{aligned}&\langle\phi_{\vec{n}_1 \mathrm{e}^t}\cdots\phi_{\vec{n}_N \mathrm{e}^t}\rangle_{m_0^2,\lambda_0}\\&=\mathcal{Z}(\lambda_0)^{\frac{N}{2}}\frac{\mathrm{e}^{-Nt}}{\xi(M^2/\mu^2,\lambda)^N}F_\pm^{(N)}\left(\frac{\vec{n}_i-\vec{n}_j}{\xi(M^2/\mu^2,\lambda)},R(M^2/\mu^2,\lambda)\right)\end{aligned}}$$

を得る．

長い導出のあとにやっと得たスケーリング則だが，導出が長かったせいで，得られたスケーリング則の意味，特にその成立条件がわからなくなったかもしれない．ここであらためて考えよう．

まず，1 より十分大きいパラメター $t\gg 1$ にはふたつの独立な働きがあることに注意しよう．いままでは導出の便宜上，このふたつは区別してこなかった．ひとつは，ほぼ臨界点にある理論のパラメター $m_0^2,\lambda_0$ を指定する働きである．$M^2/\mu^2$ と $\lambda$ を固定して考えると，これらだけでは $m_0^2,\lambda_0$ は決まらず，$t$ にも依存する．$m_0^2,\lambda_0$ に対応する有意なパラメターを $m^2(m_0^2,\lambda_0)$，境界線上のパラメターを $\lambda(\lambda_0)$ と書いたが，これらは $t$ を使って

$$\begin{cases}\lambda(\lambda_0)&=\bar\lambda(-t;\lambda)\\m^2(m_0^2,\lambda_0)&=\bar m^2(-t;M^2/\mu^2,\lambda)\end{cases}$$

と与えられる．$\lambda_0$ は $\lambda(\lambda_0)$ の逆関数として決まる．一方，$m_0^2$ は

$$m_0^2=m_{0,\mathrm{cr}}^2(\lambda_0)+z_m(\lambda_0)\,m^2(m_0^2,\lambda_0)$$

と決まる．理論をほぼ臨界状態にするには，$t$ を十分大きくとらねばならない．しかし，$\lambda_0$ を有限に保つには，$\lambda\sim\frac{1}{t}$ だから

$$t\sim\frac{1}{\lambda}$$

以上に $t$ を大きくとることはできない．

スケーリング則におけるパラメター $t$ のもうひとつの働きは，格子上で長い距離を得る働きである．上で得られたスケーリング則では，相対距離として

$$|\vec{n}_i-\vec{n}_j|\mathrm{e}^t=\mathrm{O}(\mathrm{e}^t)$$

を考えている．整数ベクトルの差は少なくとも 1 のオーダーの大きさだから，上に与えられた格子上の相対距離は，少なくとも $\mathrm{e}^t$ のオーダーである．ところが，スケーリング則は，もう少し小さい相対距離に対しても成り立つ可能性がある．スケール次元が負の無意なパラメターに着目しよう．$m_0^2 = m_{0,\mathrm{cr}}^2(\lambda_0)$ と $\lambda_0$ で与えられる臨界の格子理論 $S_0$ の無意なパラメターを

$$g''(\lambda_0), g'''(\lambda_0), \cdots$$

とすると，Wilson のくりこみ群変換 $R_\tau$ で，

$$g''(\lambda_0)\mathrm{e}^{y''\tau}, g'''(\lambda_0)\mathrm{e}^{y'''\tau}, \cdots$$

に変換される．$\tau$ が十分大きければ，これら無意なパラメターが無視できる．ただし，無視できるためには $\tau$ を少なくとも $t_{\min}$ にとらねばならないとしよう[*11]．したがって $\tau > t_{\min}$ であれば，$R_t S_0$ の相関関数は，第 9.2 節で求めたようにスケーリング関数で表せることになる．$\tau$ が大きければ大きいほど，スケーリング関数による近似はよくなる．

格子理論 $R_{t_{\min}} S_0$ にとっての格子間隔 1 は，もとの格子理論 $S_0$ にとっての距離 $\mathrm{e}^{t_{\min}}$ に対応する．したがって $S_0$ の相関関数は，相対距離が $\mathrm{e}^{t_{\min}}$ 以上であれば，スケーリング関数で表せる．よって上で得たスケーリング則は，

$$|\vec{n}_i - \vec{n}_j|\,\mathrm{e}^t > \mathrm{e}^{t_{\min}} \iff |\vec{n}_i - \vec{n}_j| > \mathrm{e}^{-(t-t_{\min})}$$

であれば成り立つ．つまり，$|\vec{n}_i - \vec{n}_j| > 1$ である必要はないのである．

以上をまとめると，スケーリング則が成り立つための条件は，

$$t > t_{\min}$$

であり，格子上の相対距離は

$$|\vec{n}_i - \vec{n}_j|\,\mathrm{e}^t > \mathrm{e}^{t_{\min}}$$

でなければならない．ここで

---

[*11] $t_{\min}$ は $\lambda_0$ で決まる．$\lambda$ を固定すると，$\lambda_0$ は $t$ に依存するから $t_{\min}$ も $t$ に依存することになる．しかし $\lambda_0$ はせいぜい 1 のオーダーだから，ここでは $t_{\min}$ の $t$ 依存性は無視してよい．

$$y'' \simeq -2$$

であることを認めると[*12],

$$\mathrm{e}^{y''\tau} \simeq \mathrm{e}^{-2\tau}$$

より，$t_{\min} \sim 3$ もあれば十分だろう．($\mathrm{e}^{-t_{\min}} \simeq 0.05$, $\mathrm{e}^{-2t_{\min}} \simeq 0.002$ となっている．)

さて，スケーリング則を理解したところで，次に連続空間上での相関関数を

$$\boxed{\langle \phi(\vec{r}_1) \cdots \phi(\vec{r}_N) \rangle_{M^2,\lambda;\mu} \equiv (\mu \mathrm{e}^t)^N \mathcal{Z}(\lambda_0)^{-\frac{N}{2}} \langle \phi_{\mu \vec{r}_1 \mathrm{e}^t} \cdots \phi_{\mu \vec{r}_N \mathrm{e}^t} \rangle_{m_0^2,\lambda_0}}$$

で定義する．スケーリング則より，<u>ほぼ連続な</u>相関関数

$$\langle \phi(\vec{r}_1) \cdots \phi(\vec{r}_N) \rangle_{M^2,\lambda;\mu}$$
$$= \left( \frac{\mu}{\xi(M^2/\mu^2,\lambda)} \right)^N F_\pm^{(N)} \left( \frac{\mu(\vec{r}_i - \vec{r}_j)}{\xi(M^2/\mu^2,\lambda)}, R(M^2/\mu^2,\lambda) \right)$$

が得られる．右辺は，パラメター $M^2$, $\lambda$, $\mu$ だけに依存し，$\lambda_0$ や運動量カットオフ $\Lambda = \mu \mathrm{e}^t$（または $t$）には依存しない[*13]．しかし，運動量カットオフはあくまでも有限であるから，相関関数は連続ではない．

なぜ<u>ほぼ連続</u>でしかないかというと，それは相関関数がスケーリング関数で与えられるためには

$$\mu|\vec{r}_i - \vec{r}_j|\mathrm{e}^t > \mathrm{e}^{t_{\min}} \iff |\vec{r}_i - \vec{r}_j| > \frac{\mathrm{e}^{t_{\min}}}{\Lambda}$$

でなければならないからである．$t$ を無限にして初めて連続空間上の相関関数が得られる．しかし $t \sim \frac{1}{\lambda}$ だから，相関関数はほぼ連続でしかない．

具体例として，質量スケール $\mu = 100\,\mathrm{MeV}$ で $\lambda = 0.01$ の場合を考えよう．運動量カットオフ $\Lambda$ のスケールでは

$$\lambda(\lambda_0) = 0.02$$

であるとして，$\Lambda$ を求めてみよう．

---

[*12] 無限小な $g''$ に対応する Boltzmann の重みの変化は $g'' \sum_{\vec{n}} \phi_{\vec{n}}^6$ である．
[*13] 格子上の距離 $\mu \mathrm{e}^t r = \Lambda r$ が空間上の距離 $r$ にあたるから，格子間隔の長さは $\Lambda^{-1}$ である．

$$\Lambda_L\left(\lambda(\lambda_0)\right) = \frac{\mu}{\Lambda}\Lambda_L(\lambda)$$

より

$$\frac{\Lambda}{\mu} = \frac{\Lambda_L(\lambda)}{\Lambda_L\left(\lambda(\lambda_0)\right)} = \exp\left(\frac{1}{\lambda} - \frac{1}{\lambda(\lambda_0)}\right) \cdot \left(\frac{\lambda}{1-c\lambda}\frac{1-c\lambda(\lambda_0)}{\lambda(\lambda_0)}\right)^{-c}$$
$$= \exp(100-50) \cdot \left(\frac{0.01}{1-\frac{17}{27}\cdot 0.01}\frac{1-\frac{17}{27}\cdot 0.02}{0.02}\right)^{-\frac{17}{27}} \simeq 8.1 \times 10^{21}$$

したがって

$$\Lambda = 8.1 \times 10^{20}\,\text{GeV}$$

となる．これは重力の量子化が必要となる Planck スケール $\Lambda_P = 1.2 \times 10^{19}$ GeV よりも大きい．200 MeV が $10^{-15}$ m に対応するから，

$$\frac{1}{\Lambda} \simeq 2.5 \times 10^{-37}\,\text{m}$$

となり，空間は事実上連続と思ってよい．したがって $\lambda$ が小さい場合，相関関数は不連続であるとはいえ，不連続性を見るにはかなり大きいエネルギー $\Lambda$ が必要であることがわかる．

## 9.4 運動量カットオフ

格子理論の代わりにカットオフ理論を使う場合は，運動量カットオフを $\Lambda \equiv \mu e^t$ として，理論のパラメターを

$$\begin{cases} M_{\text{bare}}^2 &\equiv \Lambda^2 m_0^2 \\ \lambda_{\text{bare}} &\equiv \lambda_0 \end{cases}$$

と選べばよい．カットオフ理論の相関関数と格子理論の相関関数の関係は

$$\langle \phi(\vec{r}_1) \cdots \phi(\vec{r}_N) \rangle_{M_{\text{bare}}^2, \lambda_{\text{bare}}; \Lambda} = \Lambda^N \langle \phi_{\Lambda\vec{r}_1} \cdots \phi_{\Lambda\vec{r}_N} \rangle_{m_0^2, \lambda_0}$$

だから，ほぼ連続な相関関数が

$$\boxed{\langle \phi(\vec{r}_1) \cdots \phi(\vec{r}_N) \rangle_{M^2, \lambda; \mu} \equiv \mathcal{Z}(\lambda_{\text{bare}})^{-\frac{N}{2}} \langle \phi(\vec{r}_1) \cdots \phi(\vec{r}_N) \rangle_{M_{\text{bare}}^2, \lambda_{\text{bare}}; \Lambda}}$$

と定義されることになる．

もう少し詳しくパラメターのとり方を見てみよう．まず，$\lambda_0$ はそれに対応する境界線上のパラメター $\lambda(\lambda_0)$ が

$$\boxed{\lambda(\lambda_0) = \bar{\lambda}(-\ln\Lambda/\mu;\lambda)}$$

と与えられるように決まっている．これは

$$\mu \cdot \Lambda_L(\lambda) = \Lambda \cdot \Lambda_L(\lambda(\lambda_0))$$

とも書ける．一方，$m_0^2$ は

$$m_0^2 = m_{0,\mathrm{cr}}^2(\lambda_0) + z_m(\lambda_0)\bar{m}^2(-\ln\Lambda/\mu; M^2/\mu^2, \lambda)$$

で与えられる．ここで

$$\bar{m}^2(t; m^2, \lambda) = \mathrm{e}^{2t}\left(\frac{\lambda}{1-c\lambda}\frac{1-c\bar{\lambda}(t;\lambda)}{\bar{\lambda}(t;\lambda)}\right)^{\beta_m} m^2$$

を使うと，上の式は

$$m_0^2 = m_{0,\mathrm{cr}}^2(\lambda_0) + z_m(\lambda_0)\left(\frac{\lambda}{1-c\lambda}\frac{1-c\lambda(\lambda_0)}{\lambda(\lambda_0)}\right)^{\beta_m}\frac{M^2}{\Lambda^2}$$

と書き直せる．したがって

$$\boxed{M_{\mathrm{bare}}^2 = \Lambda^2 m_0^2 = \Lambda^2 m_{0,\mathrm{cr}}^2(\lambda_0) + z_m(\lambda_0)\left(\frac{\lambda}{1-c\lambda}\frac{1-c\lambda(\lambda_0)}{\lambda(\lambda_0)}\right)^{\beta_m} M^2}$$

を得る．臨界の値 $m_{0,\mathrm{cr}}^2(\lambda_0)$ がゼロでない限り，$M_{\mathrm{bare}}^2$ が $\Lambda^2$ のオーダーになってしまうのは，3次元 $\phi^4$ 理論の場合と同じである（第 5.6 節と第 8.3 節を参照）．

## 9.5 くりこみ群方程式

定義から明らかなように，ほぼ連続な相関関数は，Wilson のくりこみ群方程式

$$\boxed{\begin{aligned}&\langle\phi(\vec{r}_1\mathrm{e}^{\Delta t})\cdots\phi(\vec{r}_N\mathrm{e}^{\Delta t})\rangle_{M^2,\lambda;\mu}\\&= \mathrm{e}^{-N\Delta t}\langle\phi(\vec{r}_1)\cdots\phi(\vec{r}_N)\rangle_{M^2(1+\Delta t(2+\beta_m\lambda)),\lambda+\Delta t(-\lambda^2+c\lambda^3);\mu}\end{aligned}}$$

を満たす．座標がスケール変換されるのに対し，スケールパラメター $\mu$ が不変に保たれるのが Wilson のくりこみ群方程式の特徴である．

次元解析により得られる式
$$\langle \phi(\vec{r}_1 e^{\Delta t}) \cdots \phi(\vec{r}_N e^{\Delta t}) \rangle_{M^2 e^{-2\Delta t}, \lambda; \mu e^{-\Delta t}} = e^{-N\Delta t} \langle \phi(\vec{r}_1) \cdots \phi(\vec{r}_N) \rangle_{M^2, \lambda; \mu}$$
を使って，Wilson のくりこみ群方程式は
$$\langle \phi(\vec{r}_1) \cdots \phi(\vec{r}_N) \rangle_{M^2, \lambda; \mu} = \langle \phi(\vec{r}_1) \cdots \phi(\vec{r}_N) \rangle_{e^{-2\Delta t} M'^2, \lambda'; \mu e^{-\Delta t}}$$
と書き直すことができる．これは（Wilson の名のつかない）くりこみ群の微分方程式
$$\left( -\mu \frac{\partial}{\partial \mu} + \beta_m \lambda M^2 \frac{\partial}{\partial M^2} + (-\lambda^2 + c\lambda^3) \frac{\partial}{\partial \lambda} \right) \langle \phi(\vec{r}_1) \cdots \phi(\vec{r}_N) \rangle_{M^2, \lambda; \mu} = 0$$
に書き直せる．Wilson のくりこみ群変換と違って，座標が固定される代わりにスケールパラメター $\mu$ が変換するのがこの方程式の特徴である．

くりこみ群方程式の一般解は，すでに第 9.3 節で導いたように，相関長 $\xi$ とくりこみ群不変量 $R$ によって
$$\langle \phi(\vec{r}_1) \cdots \phi(\vec{r}_N) \rangle_{M^2, \lambda; \mu}$$
$$= \left( \frac{\mu}{\xi(M^2/\mu^2, \lambda)} \right)^N F_\pm^{(N)} \left( \frac{\mu(\vec{r}_i - \vec{r}_j)}{\xi(M^2/\mu^2, \lambda)}, R(M^2/\mu^2, \lambda) \right)$$
と与えられる．スケーリング関数 $F_\pm^{(N)}$ はくりこみ群だけからは決まらない．

## 9.6 摂動展開

第 9.4 節で見たように，運動量カットオフを使うと，ほぼ連続な相関関数は
$$\langle \phi(\vec{r}_1) \cdots \phi(\vec{r}_N) \rangle_{M^2, \lambda; \mu} \equiv \mathcal{Z}(\lambda_0)^{-\frac{N}{2}} \langle \phi(\vec{r}_1) \cdots \phi(\vec{r}_N) \rangle_{M_{\text{bare}}^2, \lambda_{\text{bare}}; \Lambda}$$
で与えられる．ここでカットオフ理論のパラメターが
$$\begin{cases} M_{\text{bare}}^2 = \Lambda^2 m_{0,\text{cr}}^2(\lambda_0) + z_m(\lambda_0) \left( \frac{1 - c\lambda(\lambda_0)}{\lambda(\lambda_0)} \frac{\lambda}{1 - c\lambda} \right)^{\beta_m} M^2 \\ \lambda_{\text{bare}} = \lambda_0 \end{cases}$$
で与えられていれば，相関関数は $M^2, \lambda, \mu$ のみに依存し，$\Lambda$ には依らなくなるはずである．以下，相関関数の $\lambda$ の冪による摂動展開について考えよう．

カットオフ理論に対応する格子理論のパラメータは，$m_0^2$ と $\lambda_0$ である．臨界点におけるパラメータ $m_0^2$ の値が $m_{0,\mathrm{cr}}^2(\lambda_0)$ であり，また境界線上のパラメータの値が $\lambda(\lambda_0)$ であることを思い出そう．もちろん有意なパラメータ $m^2$ の臨界点での値はゼロである．係数 $z_m(\lambda_0)$ は，ほぼ臨界状態にある格子理論の $m^2$ が，

$$m^2 = \frac{1}{z_m(\lambda_0)} \left( m_0^2 - m_{0,\mathrm{cr}}^2(\lambda_0) \right)$$

で与えられるように決まっている．

摂動展開によって求めるべきものは，以下のとおりである．

1. 係数 $c$：すぐあとで説明するように，$c$ によって $\lambda(\lambda_0)$ が決まる．
2. 係数 $\beta_m$：$M_{\mathrm{bare}}^2$ を決めるのに必要である．
3. $\lambda_0$
4. $\lambda_0$ の関数：$m_{0,\mathrm{cr}}^2(\lambda_0)$ と $z_m(\lambda_0)$ と $\mathcal{Z}(\lambda_0)$

定数 $c$ が決まれば，質量スケール $\Lambda$ での境界線上のパラメータ $\lambda(\lambda_0)$ の値は

$$\Lambda_L\left(\lambda(\lambda_0)\right) = \frac{\mu}{\Lambda}\Lambda_L(\lambda)$$

を摂動的に解くことによって，$\lambda$ と $\ln\frac{\Lambda}{\mu}$ の関数として

$$\lambda(\lambda_0) = \lambda\left[ 1 + \lambda \ln\frac{\Lambda}{\mu} + \lambda^2 \ln\frac{\Lambda}{\mu}\left(\ln\frac{\Lambda}{\mu} - c\right) \right.$$
$$\left. + \lambda^3 \left(\ln\frac{\Lambda}{\mu}\right)^2 \left(\ln\frac{\Lambda}{\mu} - \frac{5}{2}c\right) + \cdots \right]$$

と展開できる．この展開は定数 $c$ のみに依存する．この級数はまた，くりこみ群方程式

$$\left(-\mu\partial_\mu + (-\lambda^2 + c\lambda^3)\partial_\lambda\right)\lambda(\lambda_0) = 0$$

を初期条件

$$\left.\lambda(\lambda_0)\right|_{\mu=\Lambda} = \lambda$$

のもとで摂動的に解いても得ることができる．

パラメター $\lambda_0$ は $\lambda(\lambda_0)$ の逆関数であるが，$\lambda(\lambda_0)$ があまり大きくなければ，その冪級数として

$$\lambda_0 = A\lambda(\lambda_0)\left[1 + l_1\lambda(\lambda_0) + l_2\lambda(\lambda_0)^2 + \cdots\right]$$

のように，$\lambda(\lambda_0)$ の冪級数として展開できる[*14]．これに $\lambda(\lambda_0)$ の $\lambda$ による展開を代入すれば，$\lambda_0$ の $\lambda$ による摂動展開

$$\lambda_0 = A\lambda\left[1 + \lambda\left(\ln\frac{\Lambda}{\mu} + l_1\right) + \lambda^2\left(\left(\ln\frac{\Lambda}{\mu}\right)^2 + (2l_1 - c)\ln\frac{\Lambda}{\mu} + l_2\right) + \cdots\right]$$

が得られる．

さらに $m_{0,\mathrm{cr}}^2(\lambda_0)$, $z_m(\lambda_0)$ および $\mathcal{Z}(\lambda_0)$ の摂動展開

$$\begin{cases} m_{0,\mathrm{cr}}^2(\lambda_0) &= m_{\mathrm{cr},1}\lambda_0 + m_{\mathrm{cr},2}\lambda_0^2 + \cdots \\ z_m(\lambda_0) &= 1 + z_{m,1}\lambda_0 + z_{m,2}\lambda_0^2 + \cdots \\ \mathcal{Z}(\lambda_0) &= 1 + \mathcal{Z}_1\lambda_0 + \mathcal{Z}_2\lambda_0^2 + \cdots \end{cases}$$

に $\lambda_0$ の摂動展開を代入すれば，$\lambda$ の冪級数が得られる．

係数 $c, \beta_m$ も含めて，$\lambda_0, m_{0,\mathrm{cr}}^2(\lambda_0), z_m(\lambda_0), \mathcal{Z}(\lambda_0)$ の $\lambda$ による冪級数の係数は，相関関数

$$\mathcal{Z}(\lambda_0)^{-\frac{N}{2}}\langle\phi(\vec{r}_1)\cdots\phi(\vec{r}_N)\rangle_{M_{\mathrm{bare}}^2, \lambda_{\mathrm{bare}}; \Lambda}$$

が $\Lambda$ によらなくなることを要求すれば，決定できる．この作業が通常の摂動論的くりこみである．

2乗質量と規格化因子の冪展開を，$\lambda$ の 2 乗まで与えると以下のようになる．

$$\begin{aligned} M_{\mathrm{bare}}^2 &= \Lambda^2\left\{m_{\mathrm{cr},1}A\lambda + \left(m_{\mathrm{cr},2}A^2 + m_{\mathrm{cr},1}A\left(\ln\Lambda/\mu + l_1\right)\right)\lambda^2 + \cdots\right\} \\ &\quad + M^2\left\{1 + (z_{m,1}A - \beta_m\ln\Lambda/\mu)\lambda + \Big(z_{m,2}A^2\right. \\ &\quad \left.+ z_{m,1}A\left((1-\beta_m)\ln\Lambda/\mu + l_1\right) + \frac{1}{2}\beta_m(\beta_m-1)\ln^2\Lambda/\mu\Big)\lambda^2 + \cdots\right\} \\ \mathcal{Z} &= 1 + \mathcal{Z}_1 A\lambda + \left(\mathcal{Z}_2 A^2 + \mathcal{Z}_1 A\left(\ln\Lambda/\mu + l_1\right)\right)\lambda^2 + \cdots \end{aligned}$$

$\lambda_0$ の $\lambda$ による冪展開とあわせて，これら 3 つの冪展開が摂動論的なくりこみ理

---

[*14] 係数 $A = \frac{(4\pi)^2}{3}$ は章末の補説で，摂動論を使って求める．

論の根幹をなすことになる．

# 第9章 補説

## ◆1 ループ計算

1 ループ近似では，

$$\begin{cases} \lambda_0 &= A\lambda\left[1+\lambda\left(\ln\frac{\Lambda}{\mu}+l_1\right)\right] \\ M_{\text{bare}}^2 &= \Lambda^2 m_{\text{cr},1}\lambda + M^2\left(1+\left(z_{m,1}-\beta_m\ln\frac{\Lambda}{\mu}\right)\lambda\right) \\ \mathcal{Z} &= 1+\mathcal{Z}_1 A\lambda \end{cases}$$

となる．1 ループ計算で $A, m_{\text{cr},1}, \beta_m$ を決めることができるが，$l_1, z_{m,1}, \mathcal{Z}_1$ を決めるには，2 ループ計算が必要である．

2 点関数の Fourier 変換を

$$\int d^4r\, e^{-i\vec{p}\cdot\vec{r}} \mathcal{Z}^{-1}(\lambda_0) \left\langle \phi(\vec{r})\phi(\vec{0}) \right\rangle_{M_{\text{bare}}^2,\lambda_{\text{bare}};\Lambda} = \frac{1}{p^2+M^2+\Sigma(p)}$$

と表すと，1 ループ近似では，

$$\Sigma(p) = \Lambda^2 m_{\text{cr},1}\lambda + M^2\left(z_{m,1}-\beta_m\ln\frac{\Lambda}{\mu}\right)\lambda + \frac{A\lambda}{2}\int_{q<\Lambda}\frac{d^4q}{(2\pi)^4}\frac{1}{q^2+M^2}$$

となる．（図 9.4(a)）積分

$$\begin{aligned} \int_{q<\Lambda}\frac{d^4q}{(2\pi)^4}\frac{1}{q^2+M^2} &= \frac{2\pi^2}{(2\pi)^4}\int_0^\Lambda dq\,\frac{q^3}{q^2+M^2} \\ &= \frac{1}{(4\pi)^2}\Lambda^2 - \frac{1}{(4\pi)^2}M^2\ln\left(\frac{\Lambda^2}{M^2}+1\right) \\ &\xrightarrow{\Lambda\gg M} \frac{1}{(4\pi)^2}\Lambda^2 - \frac{2}{(4\pi)^2}M^2\ln\frac{\Lambda}{M} \end{aligned}$$

を使って，

$$\begin{aligned} \Sigma(p) = &\Lambda^2\lambda\left(m_{\text{cr},1}+\frac{A}{2(4\pi)^2}\right) \\ &+M^2\lambda\left(z_{m,1}-\beta_m\ln\frac{\Lambda}{\mu}-\frac{A}{(4\pi)^2}\ln\frac{\Lambda}{M}\right) \end{aligned}$$

を得る．よって

$$\begin{cases} m_{\text{cr},1} = -\dfrac{A}{2(4\pi)^2} \\ \beta_m = -\dfrac{A}{(4\pi)^2} \end{cases}$$

となる.

4 点関数の Fourier 変換を

$$\left(\prod_{i=1}^{4}\int d^4 r_i\right) e^{-i\sum_{i=1}^{4}\vec{p}_i\cdot\vec{r}_i}\langle\phi(\vec{r}_1)\cdots\phi(\vec{r}_4)\rangle_{M_{\text{bare}}^2,\lambda_{\text{bare}};\Lambda}$$
$$=(2\pi)^4\delta^{(4)}(p_1+\cdots+p_4)\left(\prod_{i=1}^{4}\frac{1}{p_i^2+M^2+\Sigma(p_i)}\right)\Gamma(p_1,\cdots,p_4)$$

と表すと, 1 ループ近似では

$$\Gamma(p_1,\cdots,p_4) = -A\lambda\left[1+\lambda\left(\ln\frac{\Lambda}{\mu}+l_1\right)\right.$$
$$\left.-\frac{1}{2}A\lambda\left(f(p_1+p_2)+f(p_1+p_3)+f(p_1+p_4)\right)\right]$$

となる.（図 9.4(b)）ただし

$$f(p) \equiv \int_{q<\Lambda}\frac{d^4q}{(2\pi)^4}\frac{1}{(q^2+M^2)^2}$$
$$+\int\frac{d^4q}{(2\pi)^4}\frac{1}{q^2+M^2}\left(\frac{1}{(q+p)^2+M^2}-\frac{1}{q^2+M^2}\right)$$

である.

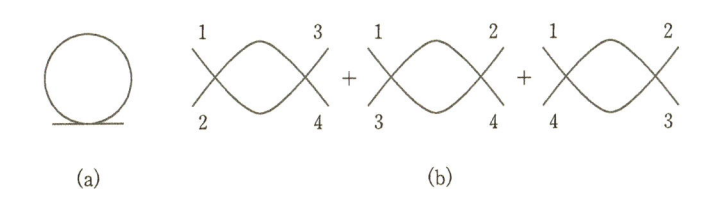

**図 9.4** Feynman グラフ. (a) は 2 点関数の 1 ループ補正を表す. (b) の 3 つのグラフは 4 点関数の 1 ループ補正を表す.

積分

$$\int_{q<\Lambda}\frac{d^4q}{(2\pi)^4}\frac{1}{(q^2+M^2)^2} = \frac{1}{(4\pi)^2}\left[2\ln\frac{\Lambda}{M}-1\right]$$

を使うと,
$$f(p) = \frac{2}{(4\pi)^2}\ln\frac{\Lambda}{M} + 有限量$$

だから
$$\Gamma(p_1,\cdots,p_4) = -A\lambda\left[1 + \lambda\left(\ln\frac{\Lambda}{\mu} - \frac{3A}{(4\pi)^2}\ln\frac{\Lambda}{M} + 有限量\right)\right]$$

となる. よって
$$A = \frac{(4\pi)^2}{3}$$

を得る. したがって
$$\begin{cases} m_{\mathrm{cr},1} = -\dfrac{1}{6} \\ \beta_m = -\dfrac{1}{3} \end{cases}$$

となる.

## 【まとめ】——第9章

### ■ 1. 有意なパラメター $m^2$

4次元のスカラー理論の場合, Wilson のくりこみ群の Gauss 不動点は, 質量ゼロの自由場の理論である. 有意なパラメターはただひとつ $m^2$ しかない.

### ■ 2. 自明な連続極限

正真正銘の連続極限は, 自由場の理論である.

### ■ 3. 境界線上のパラメター $\lambda$

無意なパラメターのうち, ひとつはスケール次元がゼロの $\lambda$ である. Wilson のくりこみ群変換 $R_t$ のもとで $\lambda$ は $\frac{1}{t}$ のようにふるまう.

### ■ 4. 摂動論的な $\phi^4$ 理論

理論を定義する質量スケールを $\mu$ として，運動量カットオフを有限 $\Lambda = \mu e^t$ にとれば，$\lambda \sim \frac{1}{t}$ の大きさの相互作用をもつ理論を作ることができる．これが摂動論で構成される $\phi^4$ 理論である．

### ■ 5. 運動量カットオフ

2 乗質量 $M^2$，結合定数 $\lambda$ の理論を得るには，カットオフ理論のパラメーターを

$$\begin{cases} M_{\text{bare}}^2 = \Lambda^2 m_{0,\text{cr}}^2(\lambda_0) + z_m(\lambda_0) \left( \frac{1-c\lambda(\lambda_0)}{\lambda(\lambda_0)} \frac{\lambda}{1-c\lambda} \right)^{\beta_m} M^2 \\ \lambda_{\text{bare}} = \lambda_0 \end{cases}$$

と選べばよい．ただし定数 $c, \beta_m$ は

$$c = \frac{17}{27}, \quad \beta_m = -\frac{1}{3}$$

で与えられる．

### ■ 6. 摂動論による相関関数の構成

摂動論では，相関関数

$$\langle \phi(\vec{r}_1) \cdots \phi(\vec{r}_N) \rangle_{M^2, \lambda; \mu} = \mathcal{Z}(\lambda_0)^{-\frac{N}{2}} \langle \phi(\vec{r}_1) \cdots \phi(\vec{r}_N) \rangle_{M_{\text{bare}}^2, \lambda_{\text{bare}}; \Lambda}$$

が $\Lambda$ に依らないことを要求することによって，くりこみに必要な定数 $c$ と $\beta_m$ ならびに $\lambda$ の冪級数

$$\lambda_0 = \frac{(4\pi)^2}{3} \lambda \{ 1 + \lambda(\ln \Lambda/\mu + l_1) \\ + \lambda^2 \left( (\ln \Lambda/\mu)^2 + (2l_1 - c) \ln \Lambda/\mu + l_2 \right) + \cdots \}$$

と $\lambda_0$ の冪級数

$$\begin{cases} m_{0,\text{cr}}^2(\lambda_0) = m_{\text{cr},1} \lambda_0 + m_{\text{cr},2} \lambda_0^2 + \cdots \\ z_m(\lambda_0) = 1 + z_{m,1} \lambda_0 + z_{m,2} \lambda_0^2 + \cdots \\ \mathcal{Z}(\lambda_0) = 1 + \mathcal{Z}_1 \lambda_0 + \mathcal{Z}_2 \lambda_0^2 + \cdots \end{cases}$$

を決めることができる．

## ■ 7. 相関関数のくりこみ群方程式

ほぼ連続な相関関数は，くりこみ群方程式

$$\left(-\mu\frac{\partial}{\partial \mu} + \beta_m \lambda M^2 \frac{\partial}{\partial M^2} + (-\lambda^2 + c\lambda^3)\frac{\partial}{\partial \lambda}\right)$$
$$\times \langle \phi(\vec{r}_1) \cdots \phi(\vec{r}_N) \rangle_{M^2, \lambda; \mu} = 0$$

を満たす．

### ◆補足コメント：普遍性の破れ

この章の議論では，十分大きな $t$ をもつ Wilson のくりこみ群変換 $R_t$ によって，無意なパラメター $g''$, $g'''$, $\cdots$ が無視できるくらい小さくなることを仮定した．ところが相互作用の強さを $\lambda \sim \frac{1}{t}$ として残すため，$t$ は有限に保たねばならず，理論は本当の意味でくりこみ可能でない．無意の度合いが一番小さい $g''$ のスケール次元は $-2$ だから，

$$g'' \sim \mathrm{e}^{-2t} \sim \mathrm{e}^{-\frac{2}{\lambda}}$$

である．したがって無意なパラメターの影響が $\mathrm{e}^{-\frac{2}{\lambda}}$ のオーダーで残っていて，相関関数の普遍性は少し破れることになる．ところが $\mathrm{e}^{-\frac{2}{\lambda}}$ は $\lambda$ で冪展開すると恒等的にゼロなので，相関関数の冪級数（摂動論）の普遍性は保たれる．

# 第10章
# O(N) 非線形 σ 模型

最後の例は，漸近的に自由な O(N) σ 模型である．
4次元 QCD との類似性から，教訓的な例である．

O($N$)$\sigma$ 模型には線形と非線形の 2 種類あり，この章で解説するのは 2 次元格子上に定義された非線形 $\sigma$ 模型である．付録 A では，線形 $\sigma$ 模型の $N$ が無限の極限について解説する．非線形 $\sigma$ 模型の連続極限は，線形 $\sigma$ 模型を使って構成することもできる．

## 10.1　O($N$) 非線形 $\sigma$ 模型

Ising 模型のスピン変数 $\sigma_{\vec{n}} = \pm 1$ を $N-1$ 次元の単位球面上に値をとるスピン変数 $\Phi^I_{\vec{n}}$ に拡張して得られるのが，O($N$) 非線形 $\sigma$ 模型である．$\Phi^I_{\vec{n}}(I=1,\cdots,N)$ は

$$\sum_{I=1}^{N}\left(\Phi^I_{\vec{n}}\right)^2 = 1$$

の規格化条件を満たすスカラー場である[*1]．Boltzmann の重みは，

$$S = -\frac{1}{T}\sum_{\vec{n}}\sum_{I=1}^{N}\sum_{i=1}^{D}\frac{1}{2}\left(\Phi^I_{\vec{n}+\hat{i}} - \Phi^I_{\vec{n}}\right)^2$$

で定義する．ここで $T$ は絶対温度とみなせるパラメーターである．

$S$ は $\Phi^I$ の回転のもとで不変である．

$$(\forall \vec{n}) \quad \Phi^I_{\vec{n}} \longrightarrow \sum_{J=1}^{N} O^I{}_J \Phi^J_{\vec{n}}$$

ここで $O$ は $\vec{n}$ によらない，任意の $N$ 次直交行列を表す．したがって，$S$ は O($N$) 対称性をもつ．$T$ が大きいと，場の揺らぎはあまり抑えられない．よって $T$ が十分大きければ，揺らぎのせいで $\langle\Phi^I\rangle = 0$ となる．しかし $T$ がある臨界点 $T_{\rm cr}$ よりも小さくなれば，期待値が生じて O($N$) 対称性が自発的に O($N-1$) に破れる[*2]．$D > 2$ の場合，臨界点 $T_{\rm cr}$ は正だが，$D=2$ の場合は特別で，$T_{\rm cr}=0$ となる（図 10.1）．

一般に $D = 2$ では，連続な対称性は自発的に破れないという

---

[*1] $N=1$ のとき $\Phi_{\vec{n}} = \pm 1$ は Ising スピン変数となる．
[*2] たとえば，$I=N$ の方向に期待値 $\langle\Phi^I_{\vec{n}}\rangle = v\delta_{I,N}$ が生じる場合，$\Phi^I_{\vec{n}}(I=1,\cdots,N-1)$ の回転のもとでの不変性，つまり O($N-1$) 対称性は保たれる．

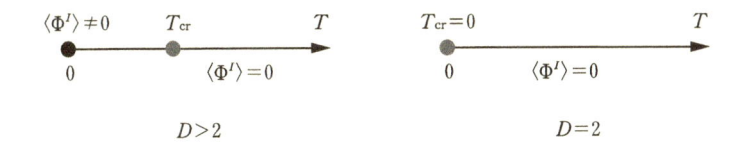

**図 10.1** $D > 2$ の場合, 有限な $T = T_{\mathrm{cr}}$ で理論は臨界になる. $D \to 2+$ になるにつれて, $T_{\mathrm{cr}}$ は小さくなり, 極限では $T_{\mathrm{cr}=0}$ となる.

Mermin–Wagner（マーミン - ヴァーグナー）の定理がある．$O(N)$ 非線形 $\sigma$ 模型はこの定理の具体例を与えている．

$2 < D < 4$ の場合, $\phi^4$ 理論と同様に, 有意なパラメーターがひとつだけある連続極限を作ることができる[*3]．しかし, そのパラメーターのスケール次元は $D$ が 2 に近づくにつれて小さくなり, $D = 2$ の極限では, 有意な境界線上のパラメーターが得られる. 以下, この $D = 2$ の場合を考えていこう．

## 10.2 パラメーターのくりこみ群方程式

有意な境界線上のパラメーターを $g \geq 0$ と書くことにしよう．パラメーター $g$ は, そのくりこみ群変換が厳密に

$$\frac{d}{dt}g = g^2 + cg^3 \quad \left(\text{ただし} \quad c \equiv 1/(N-2)\right)$$

となるようにとることができる[*4]．この証明は, 第 9.2 節でパラメーター $\lambda$ について与えたのと基本的に同じだから, ここでは省略する．

この $\frac{d}{dt}g = g^2 + cg^3$ の右辺は正だから, $t$ が大きくなるにしたがって $g$ は大きくなる．逆に $t$ がどんどんマイナスになる場合を考えよう．スケール次元が $y > 0$ ならば, $t$ の減少にともない $g \propto e^{yt}$ と急激に減少するが, $y = 0$ の境界線上のパラメーター $g$ は $t$ の減少にしたがって

$$g \propto \frac{1}{-t}$$

---

[*3] $2 < D < 4$ の場合の連続極限は, 付録 A で考える線形 $\sigma$ 模型の連続極限と同じである．
[*4] $N = 2$ の場合は, 質量のない自由場の理論になるので, 以後 $N > 2$ を考える．したがって $c > 0$ である．$c$ の値は, 摂動論で求めることができる．

のようにゆっくりと減少する．このことを「理論は**漸近的に自由**である」という．したがって漸近的に自由な理論では，短距離の相互作用は弱い．短距離での相関関数の振る舞いについては第 10.6 節でより定量的に説明する．

いま

$$\Lambda(g) \equiv e^{-\frac{1}{g}} \left(\frac{g}{1+cg}\right)^{-c}$$

と定義すると，これは

$$\frac{d}{dt}\Lambda(g) \equiv (g^2 + cg^3)\frac{d}{dg}\Lambda(g) = \Lambda(g)$$

を満たす[*5]．よって，相関長は

$$\xi(g) = \frac{\text{定数}}{\Lambda(g)}$$

と与えられる．この相関長の逆数は粒子の質量を与える．$O(N)$ 対称性があるから，同じ質量の粒子が $N$ 種類あって，互いに相互作用している．しかし，理論は漸近的に自由であるから，短距離に行くほど相互作用は弱くなる．

## 10.3 スケーリング則の導出

Wilson のくりこみ群が，非線形 $\sigma$ 模型に対しても導入できるものと仮定しよう．導入にはふたつの流儀がある．ひとつは，規格化条件を満たすスカラー場（$N$ 次元単位球面上に値をとる）の理論空間に限定して Wilson のくりこみ群変換を導入する流儀である．もうひとつは，Ising 模型をスカラー場の理論の特別な場合と考えたように，非線形 $\sigma$ 模型も $N$ 個のスカラー場の理論の特別な場合と考えて，$N$ 個のスカラー場の理論の空間全体に Wilson のくりこみ群変換を導入する流儀である．ここでの議論にはどちらでもよいが，とりあえず前者を想定しよう．Wilson のくりこみ群を使って，非線形 $\sigma$ 模型のスケーリング則を導出するのが，この節の目的である．

---

[*5] グルオンの理論である QCD では，これにあたるパラメターは $\Lambda_{\text{QCD}}$ とよばれ，だいたい 200 MeV の大きさをもつ．相互作用のエネルギーが $\Lambda_{\text{QCD}}$ より大きいと，相互作用は弱くしか働かない．$1/\Lambda_{\text{QCD}}$ は距離にして $10^{-15}$ m である．

## 10.3 スケーリング則の導出

Wilson のくりこみ群の不動点を含む領域で，理論空間の座標を $g, g', \cdots$ とする．ここで $g$ は前節で考察したスケール次元 0 の境界線上のパラメター，$g'$ 以下は負のスケール次元をもつ無意なパラメターとする．Wilson のくりこみ群変換 $R_t$ のもとで $g$ は

$$\frac{d}{dt}g = g^2 + cg^3 \quad \left(\text{ただし}\quad c \equiv 1/(N-2)\right)$$

を満たす．$T \simeq 0$ の場合，$A$ を正数として，

$$g = g(0) = A \cdot T + \cdots$$

と与えられる[*6]．一方，$g'$ 以下の無意なパラメターは $T$ によらない定数としてよい．

$$\begin{aligned} g' &= g'(0) = 定数 \\ g'' &= g''(0) = 定数 \\ \vdots &= 定数 \end{aligned}$$

いつものように，Wilson のくりこみ群変換 $R_t$ で得られる理論のパラメターを，簡単に $g(t), g'(t), \cdots$ と書き表すことにしよう[*7]．

相関関数の満たす Wilson くりこみ群方程式は

$$\begin{aligned} &\left\langle \Phi^{I_1}_{\vec{n}_1 e^{\Delta t}} \cdots \Phi^{I_N}_{\vec{n}_N e^{\Delta t}} \right\rangle_{g(t), g'(t), \cdots} \\ &= \{1 - N\Delta t \cdot \gamma(g(t), g'(t), \cdots)\} \left\langle \Phi^{I_1}_{\vec{n}_1} \cdots \Phi^{I_N}_{\vec{n}_N} \right\rangle_{g(t+\Delta t), g'(t+\Delta t), \cdots} \end{aligned}$$

と与えられる．これを解いて，

$$\begin{aligned} &\left\langle \Phi^{I_1}_{\vec{n}_1 e^t} \cdots \Phi^{I_N}_{\vec{n}_N e^t} \right\rangle_{g(0), g'(0), g''(0), \cdots} \\ &= \exp\left[-N \int_0^t d\tau\, \gamma(g(\tau), g'(\tau), \cdots)\right] \left\langle \Phi^{I_1}_{\vec{n}_1} \cdots \Phi^{I_N}_{\vec{n}_N} \right\rangle_{g(t), g'(t), g''(t), \cdots} \end{aligned}$$

を得る．$t$ が十分大きければ，無意なパラメターはゼロと考えてよい．したがって

---

[*6] ここで $A$ を知る必要はないが，$A = \frac{N-2}{2\pi}$ である．
[*7] $g(t)$ は，より正しい記法を使うと $g(t) = \bar{g}(t; g(0))$ である．第 10.6 節では，この記法を使う．

$$\left\langle \Phi_{\vec{n}_1 \mathrm{e}^t}^{I_1} \cdots \Phi_{\vec{n}_N \mathrm{e}^t}^{I_N} \right\rangle_{g(0), g'(0), g''(0), \cdots}$$
$$= \exp\left[-N \int_0^t d\tau\, \gamma(g(\tau), g'(\tau), \cdots)\right] \left\langle \Phi_{\vec{n}_1}^{I_1} \cdots \Phi_{\vec{n}_N}^{I_N} \right\rangle_{g(t), 0, 0, \cdots}$$
$$= \exp\left[-N \int_0^t d\tau\, \{\gamma(g(\tau), g'(\tau), \cdots) - \gamma(g(\tau), 0, \cdots)\}\right]$$
$$\times \exp\left[-N \int_0^t d\tau\, \gamma(g(\tau))\right] \left\langle \Phi_{\vec{n}_1}^{I_1} \cdots \Phi_{\vec{n}_N}^{I_N} \right\rangle_{g(t)}$$

である．ここで $\gamma(g, 0, \cdots)$ を簡単に $\gamma(g)$ と書いた．最初の指数関数は $t \to +\infty$ で有限である．さらに $T \to 0+$ の極限では定数になる．

$$\int_0^t d\tau\, \{\gamma(g(\tau), g'(\tau), \cdots) - \gamma(g(\tau), 0, \cdots)\}$$
$$\stackrel{t \to \infty}{\longrightarrow} \int_0^\infty d\tau\, \{\gamma(g(\tau), g'(\tau), \cdots) - \gamma(g(\tau), 0, \cdots)\}$$
$$\stackrel{T \to 0}{\longrightarrow} \int_0^\infty d\tau\, \gamma(0, g'(\tau), \cdots)$$

ここで

$$\gamma(0, 0, \cdots) = \gamma(0) = 0$$

を使った．よって，$T$ や $t$ に依存しない定数を

$$Z \equiv \exp\left[-2 \int_0^\infty d\tau\, \gamma(0, g'(\tau), \cdots)\right]$$

と定義すれば，十分小さい $T$ と十分大きい $t$ に対して

$$\left\langle \Phi_{\vec{n}_1 \mathrm{e}^t}^{I_1} \cdots \Phi_{\vec{n}_N \mathrm{e}^t}^{I_N} \right\rangle_T = \left\langle \Phi_{\vec{n}_1 \mathrm{e}^t}^{I_1} \cdots \Phi_{\vec{n}_N \mathrm{e}^t}^{I_N} \right\rangle_{g(0), g'(0), \cdots}$$
$$= Z^{\frac{N}{2}} \exp\left[-N \int_0^t d\tau\, \gamma(g(\tau))\right] \left\langle \Phi_{\vec{n}_1}^{I_1} \cdots \Phi_{\vec{n}_N}^{I_N} \right\rangle_{g(t)}$$

を得る．

スケーリング則を導出するには，$\mathcal{S}_\infty = \{(g, g', \cdots) = (g, 0, \cdots)\}$ 上で与えられる相関関数

$$\left\langle \Phi_{\vec{n}_1}^{I_1} \cdots \Phi_{\vec{n}_N}^{I_N} \right\rangle_g$$

がスケーリング関数によってどう表されるかを知らねばならない．以下，任意の $g>0$ について考えよう．$\mathcal{S}_\infty$ において，スカラー場のスケール次元は

$$\gamma(g) = \gamma \cdot g + \mathrm{O}(g^2)$$

と与えられる．ただし

$$\gamma \equiv \frac{1}{2}\frac{N-1}{N-2}$$

である[*8]．

$\mathcal{S}_\infty$ 上で Wilson のくりこみ群方程式は，

$$\left\langle \Phi^{I_1}_{\vec{n}_1 \mathrm{e}^{\Delta t}} \cdots \Phi^{I_N}_{\vec{n}_N \mathrm{e}^{\Delta t}} \right\rangle_g = (1 - N\gamma(g)\Delta t) \left\langle \Phi^{I_1}_{\vec{n}_1} \cdots \Phi^{I_N}_{\vec{n}_N} \right\rangle_{g(\Delta t)}$$

で与えられる．ここで微分方程式

$$(g^2 + cg^3)\frac{d}{dg}\ln Z(g) = 2(\gamma(g) - \gamma \cdot g)$$

の解として

$$Z(g) \equiv \exp\left[2\int_0^g \frac{ds}{s^2 + cs^3}\{\gamma(s) - \gamma \cdot s\}\right]$$

を導入する．これを使うと，Wilson のくりこみ群方程式は，

$$Z(g)^{-\frac{N}{2}} \left\langle \Phi^{I_1}_{\vec{n}_1 \mathrm{e}^{\Delta t}} \cdots \Phi^{I_N}_{\vec{n}_N \mathrm{e}^{\Delta t}} \right\rangle_g$$
$$= (1 - N\gamma \cdot g\Delta t)\, Z(g(\Delta t))^{-\frac{N}{2}} \left\langle \Phi^{I_1}_{\vec{n}_1} \cdots \Phi^{I_N}_{\vec{n}_N} \right\rangle_{g(\Delta t)}$$

と書き直せる．さらに

$$(g^2 + cg^3)\frac{d}{dg}\left(\frac{g}{1+cg}\right)^\gamma = \gamma g \left(\frac{g}{1+cg}\right)^\gamma$$

を使うと，

$$Z(g)^{-\frac{N}{2}}\left(\frac{g}{1+cg}\right)^{-N\gamma} \left\langle \Phi^{I_1}_{\vec{n}_1 \mathrm{e}^{\Delta t}} \cdots \Phi^{I_N}_{\vec{n}_N \mathrm{e}^{\Delta t}} \right\rangle_g$$

---

[*8] この結果は $c$ と同様に摂動論で得られる．

$$= Z\left(g(\Delta t)\right)^{-\frac{N}{2}} \left(\frac{g(\Delta t)}{1+cg(\Delta t)}\right)^{-N\gamma} \left\langle \Phi_{\vec{n}_1}^{I_1} \cdots \Phi_{\vec{n}_N}^{I_N} \right\rangle_{g(\Delta t)}$$

と書き直せる.したがって $t$ を任意にとって

$$Z(g)^{-\frac{N}{2}} \left(\frac{g}{1+cg}\right)^{-N\gamma} \left\langle \Phi_{\vec{n}_1 e^t}^{I_1} \cdots \Phi_{\vec{n}_N e^t}^{I_N} \right\rangle_g$$
$$= Z\left(g(t)\right)^{-\frac{N}{2}} \left(\frac{g(t)}{1+cg(t)}\right)^{-N\gamma} \left\langle \Phi_{\vec{n}_1}^{I_1} \cdots \Phi_{\vec{n}_N}^{I_N} \right\rangle_{g(t)}$$

となる.相関長は $g$ の関数 $\xi(g)$ で

$$\xi(g(t)) = e^{-t} \xi(g)$$

だから,上のくりこみ群方程式の一般解は,

$$Z(g)^{-\frac{N}{2}} \left(\frac{g}{1+cg}\right)^{-N\gamma} \left\langle \Phi_{\vec{n}_1}^{I_1} \cdots \Phi_{\vec{n}_N}^{I_N} \right\rangle_g = F^{I_1,\cdots,I_N}\left(\frac{\vec{n}_i - \vec{n}_j}{\xi(g)}\right)$$

となる.$F^{I_1,\cdots,I_N}$ は,くりこみ群方程式からは決まらないスケーリング関数である.よって,$\mathcal{S}_\infty$ 上の理論における相関関数の一般形

$$\boxed{\left\langle \Phi_{\vec{n}_1}^{I_1} \cdots \Phi_{\vec{n}_N}^{I_N} \right\rangle_g = Z(g)^{\frac{N}{2}} \left(\frac{g}{1+cg}\right)^{N\gamma} F^{I_1,\cdots,I_N}\left(\frac{\vec{n}_i - \vec{n}_j}{\xi(g)}\right)}$$

を得る.

長い準備であったが,いままでの結果をまとめると

$$\left\langle \Phi_{\vec{n}_1 e^t}^{I_1} \cdots \Phi_{\vec{n}_N e^t}^{I_n} \right\rangle_T$$
$$= Z^{\frac{N}{2}} \exp\left[-N \int_0^t d\tau\, \gamma(g(\tau))\right] \left\langle \Phi_{\vec{n}_1}^{I_1} \cdots \Phi_{\vec{n}_N}^{I_N} \right\rangle_{g(t)}$$
$$= Z^{\frac{N}{2}} \exp\left[-N \int_0^t d\tau\, \gamma(g(\tau))\right] Z(g(t))^{\frac{N}{2}} \left(\frac{g(t)}{1+cg(t)}\right)^{N\gamma}$$
$$\times F^{I_1,\cdots,I_N}\left(\frac{\vec{n}_i e^t - \vec{n}_j e^t}{\xi(g(0))}\right)$$

を得る.ここで $Z(g)$ の定義より

$$(g^2 + cg^3)\frac{d}{dg}\left\{Z(g)\left(\frac{g}{1+cg}\right)^{2\gamma}\right\} = 2\gamma(g)\left\{Z(g)\left(\frac{g}{1+cg}\right)^{2\gamma}\right\}$$

だから

$$Z(g(t))\left(\frac{g(t)}{1+cg(t)}\right)^{2\gamma} = \exp\left[2\int_0^t d\tau\,\gamma\left(g(\tau)\right)\right]Z(g(0))\left(\frac{g(0)}{1+cg(0)}\right)^{2\gamma}$$

である．よって，スケーリング則

$$\left\langle \Phi_{\vec{n}_1 \mathrm{e}^t}^{I_1} \cdots \Phi_{\vec{n}_N \mathrm{e}^t}^{I_n} \right\rangle_T$$
$$= Z^{\frac{N}{2}} Z(g(0))^{\frac{N}{2}} \left(\frac{g(0)}{1+cg(0)}\right)^{N\gamma} F^{I_1,\cdots,I_N}\left(\frac{\vec{n}_i \mathrm{e}^t - \vec{n}_j \mathrm{e}^t}{\xi(g(0))}\right)$$

を得る．ここで

$$g(0) = A \cdot T \ll 1$$

だから

$$Z(g(0)) \simeq Z(0) = 1, \quad \frac{g(0)}{1+cg(0)} \simeq g(0)$$

となって，最終的にスケーリング則

$$\boxed{\left\langle \Phi_{\vec{n}_1 \mathrm{e}^t}^{I_1} \cdots \Phi_{\vec{n}_N \mathrm{e}^t}^{I_n} \right\rangle_T = Z^{\frac{N}{2}} g(0)^{N\gamma} F^{I_1,\cdots,I_N}\left(\frac{\vec{n}_i \mathrm{e}^t - \vec{n}_j \mathrm{e}^t}{\xi(g(0))}\right)}$$

を得る．

## 10.4　連続極限

前節で求めたスケーリング則から連続極限を導くには，小さい $T$ を大きい $t$ に関係づけなければならない．有限な $\tilde{g}$ をとり，$T$ と $t$ を

$$g(0) = A \cdot T, \quad g(t) = \tilde{g}$$

によって関係づけることにする．$\tilde{g}$ を固定し，$t \to \infty$ とすると，$T \to 0$ になる．章末の補説で示すように，$t \gg 1$ のとき

$$g(0) = \bar{g}(-t;\tilde{g}) = \frac{1}{t + c\ln t - \ln\Lambda(\tilde{g})}$$

だから $T \ll 1$ は $t \gg 1$ の関数として

$$T = \frac{1}{A} \frac{1}{t + c\ln t - \ln \Lambda(\tilde{g})}$$

と与えられる．これは第 5.5 節で 3 次元のスカラー理論に対して得た

$$m_0^2 - m_{0,\mathrm{cr}}^2(\lambda_0) = z(\lambda_0)^{y_E} \frac{g_E}{\mu^2} \mathrm{e}^{-y_E t}$$

のアナロジーである．定数 $A$ は，$m_{0,\mathrm{cr}}^2(\lambda_0)$ と似た働きをしている．

よって，連続極限は，

$$\left\langle \Phi^{I_1}(\vec{r}_1) \cdots \Phi^{I_N}(\vec{r}_N) \right\rangle_{\tilde{g};\mu} \equiv \lim_{t \to \infty} t^{N\gamma} \left\langle \Phi^{I_1}_{\mu \vec{r}_1 \mathrm{e}^t} \cdots \Phi^{I_N}_{\mu \vec{r}_N \mathrm{e}^t} \right\rangle_T$$

と定義すればよい．スケーリング則を使えば

$$\left\langle \Phi^{I_1}(\vec{r}_1) \cdots \Phi^{I_N}(\vec{r}_N) \right\rangle_{\tilde{g};\mu} = Z^{\frac{N}{2}} F^{I_1,\cdots,I_N}\left( \frac{\mu \vec{r}_i - \mu \vec{r}_j}{\xi(\tilde{g})} \right)$$

となって，極限が存在していることがわかる．ところが，連続極限のこの定義には，少しだけ問題がある．

$\mathcal{S}_\infty$ 上の理論の相関関数は同じスケーリング関数を使って

$$\left\langle \Phi^{I_1}_{\vec{n}_1} \cdots \Phi^{I_N}_{\vec{n}_N} \right\rangle_g = Z(g)^{\frac{N}{2}} \left( \frac{g}{1+cg} \right)^{N\gamma} F^{I_1,\cdots,I_N}\left( \frac{\vec{n}_i - \vec{n}_j}{\xi(g)} \right)$$

と表されることを思い出そう．$g$ が小さいとき，この相関関数は $g$ の冪で展開できる．さらに定義より

$$Z(g) = \exp\left[ 2\int_0^g \frac{ds}{s^2 + cs^3} \left\{ \gamma(s) - \gamma \cdot s \right\} \right] = 1 + \mathrm{O}(g)$$

も $g$ で冪展開できる関数である．したがって $g$ の冪で展開できるのは

$$\left( \frac{g}{1+cg} \right)^{N\gamma} F^{I_1,\cdots,I_N}\left( \frac{\vec{n}_i - \vec{n}_j}{\xi(g)} \right)$$

である．$\gamma = \frac{1}{2}\frac{N-1}{N-2}$ は整数でないから，スケーリング関数

$$F^{I_1,\cdots,I_N}\left( \frac{\vec{n}_i - \vec{n}_j}{\xi(g)} \right)$$

は $g$ の冪で展開できない．

したがって，パラメター $\tilde{g}$ で摂動展開できるような連続極限を得ようとすれば，

$$\left(\frac{\tilde{g}}{1+c\tilde{g}}\right)^{N\gamma}$$

をかけて，連続極限を

$$\boxed{\begin{aligned}
&\left\langle \Phi^{I_1}(\vec{r}_1)\cdots\Phi^{I_N}(\vec{r}_N)\right\rangle_{\tilde{g};\mu} \\
&\equiv \left(\frac{\tilde{g}}{1+c\tilde{g}}\right)^{N\gamma} \lim_{t\to\infty} t^{N\gamma} \left\langle \Phi^{I_1}_{\mu\vec{r}_1 e^t}\cdots\Phi^{I_N}_{\mu\vec{r}_N e^t}\right\rangle_T \\
&= Z^{\frac{N}{2}} \left(\frac{\tilde{g}}{1+c\tilde{g}}\right)^{N\gamma} F^{I_1,\cdots,I_N}\left(\frac{\mu\vec{r}_i - \mu\vec{r}_N}{\xi(\tilde{g})}\right)
\end{aligned}}$$

と定義したほうがよい[*9]．今後は，$\tilde{g}$ は単に $g$ と表記する．

## 10.5 くりこみ群方程式

相関関数の連続極限はスケーリング関数によって与えられるが，これは連続極限が満たすくりこみ群方程式の結果として理解できる．以下に，連続極限の満たすくりこみ群方程式を整理しよう．

連続極限は

$$\left\langle \Phi^{I_1}(\vec{r}_1)\cdots\Phi^{I_N}(\vec{r}_N)\right\rangle_{g;\mu} = Z^{\frac{N}{2}} \left(\frac{g}{1+cg}\right)^{N\gamma} F^{I_1,\cdots,I_N}\left(\frac{\mu\vec{r}_i - \mu\vec{r}_N}{\xi(g)}\right)$$

と与えられる．ここで微分方程式

$$(g^2 + cg^3)\frac{d}{dg}\left(\frac{g}{1+cg}\right)^{\gamma} = \gamma \cdot g \left(\frac{g}{1+cg}\right)^{\gamma}$$

を思い出せば，連続極限はくりこみ群方程式

$$\boxed{\begin{aligned}
&\left\langle \Phi^{I_1}(\vec{r}_1 e^{\Delta t})\cdots\Phi^{I_N}(\vec{r}_N e^{\Delta t})\right\rangle_{g;\mu} \\
&= (1 - N\gamma g \cdot \Delta t)\left\langle \Phi^{I_1}(\vec{r}_1)\cdots\Phi^{I_N}(\vec{r}_N)\right\rangle_{g+\Delta t(g^2+cg^3);\mu}
\end{aligned}}$$

---

[*9] $1+c\tilde{g}$ の冪がなくても，相関関数は冪展開できるが，これがあったほうが次節のくりこみ群方程式が簡単になってよい．

を満たすことがわかる．ここで質量スケール $\mu$ は固定されている．

くりこみ群方程式のもうひとつの形を導くには，次元解析の式

$$\left\langle \Phi^{I_1}(\vec{r}_1 \mathrm{e}^{-\Delta t}) \cdots \Phi^{I_N}(\vec{r}_N \mathrm{e}^{-\Delta t}) \right\rangle_{g;\mu \mathrm{e}^{\Delta t}} = \left\langle \Phi^{I_1}(\vec{r}_1) \cdots \Phi^{I_N}(\vec{r}_N) \right\rangle_{g;\mu}$$

を使えばよい．

$$\left\langle \Phi^{I_1}(\vec{r}_1) \cdots \Phi^{I_N}(\vec{r}_N) \right\rangle_{g+\Delta t(g^2+cg^3);\,\mu(1-\Delta t)}$$
$$= (1 + N\gamma g \cdot \Delta t) \left\langle \Phi^{I_1}(\vec{r}_1) \cdots \Phi^{I_N}(\vec{r}_N) \right\rangle_{g;\,\mu}$$

が得られる．さらにこれは微分方程式

$$\boxed{\left( -\mu \frac{\partial}{\partial \mu} + (g^2 + cg^3) \frac{\partial}{\partial g} - N\gamma g \right) \left\langle \Phi^{I_1}(\vec{r}_1) \cdots \Phi^{I_N}(\vec{r}_N) \right\rangle_{g;\,\mu} = 0}$$

として書き表すことができる．

### 10.6 近距離展開（近距離近似）

近距離での相関関数の振る舞いを調べよう．$g(-t) = \bar{g}(-t;g)$ とすれば関係式

$$\mathrm{e}^t \xi(g) = \xi\left( g(-t) \right)$$

が成り立つから

$$\left\langle \Phi^{I_1}(\vec{r}_1 \mathrm{e}^{-t}) \cdots \Phi^{I_N}(\vec{r}_N \mathrm{e}^{-t}) \right\rangle_{g;\,\mu}$$
$$= \left( \frac{g}{1+cg} \right)^{N\gamma} F^{I_1,\cdots,I_N}\left( \frac{\mu \vec{r}_i - \mu \vec{r}_N}{\mathrm{e}^t \xi(g)} \right)$$
$$= \left( \frac{g}{1+cg} \right)^{N\gamma} \left( \frac{g(-t)}{1+cg(-t)} \right)^{-N\gamma}$$
$$\quad \times \left( \frac{g(-t)}{1+cg(-t)} \right)^{N\gamma} F^{I_1,\cdots,I_N}\left( \frac{\mu \vec{r}_i - \mu \vec{r}_N}{\xi(g(-t))} \right)$$
$$= \left( \frac{g}{1+cg} \right)^{N\gamma} \left( \frac{g(-t)}{1+cg(-t)} \right)^{-N\gamma} \left\langle \Phi^{I_1}(\vec{r}_1) \cdots \Phi^{I_N}(\vec{r}_N) \right\rangle_{g(-t);\,\mu}$$

が得られる．$t > 0$ のとき $g(-t) < g$ だから，相互作用の影響は近距離では小さくなることがわかる．しかし $g(-t) \sim \frac{1}{-t}$ のように，$g(-t)$ はゆっくりと小

## 10.6 近距離展開（近距離近似）

さくなるから，理論は**漸近的に自由**と呼ばれる．

特に2点関数を考えると，$O(N)$ 対称性から $F^{IJ} = \delta_{I,J} F$ だから

$$\left\langle \Phi^I(\vec{r}) \Phi^J(\vec{0}) \right\rangle_{g;\mu} = \left( \frac{g}{1+cg} \right)^{2\gamma} \delta_{I,J} F\left( \frac{\mu r}{\xi(g)} \right)$$

となる．さらに

$$\frac{1}{\mu r} \xi(g) = \xi\left( \bar{g}(\ln \mu r; g) \right)$$

より

$$\left\langle \Phi^I(\vec{r}) \Phi^J(\vec{0}) \right\rangle_{g;\mu} = \delta_{I,J} \left( \frac{g}{1+cg} \right)^{2\gamma} F\left( \frac{1}{\xi\left( \bar{g}(\ln \mu r; g) \right)} \right)$$

を得る．結合定数の関数 $f$ を

$$f(g) \equiv \left( \frac{g}{1+cg} \right)^{2\gamma} F(1/\xi(g))$$

で定義すれば，第 10.4 節の最後に説明したように，$f(g)$ は小さい $g$ の冪で展開できる関数である．

$F$ の代わりに $f$ を使って2点関数を表すと，

$$\left\langle \Phi^I(\vec{r}) \Phi^J(\vec{0}) \right\rangle_{g;\mu} = \delta_{I,J} \left( \frac{g}{1+cg} \right)^{2\gamma}$$
$$\times \left( \frac{1+c\bar{g}(\ln \mu r; g)}{\bar{g}(\ln \mu r; g)} \right)^{2\gamma} f\left( \bar{g}(\ln \mu r; g) \right)$$

となる．$f(g)$ を

$$f(g) = f_0 + f_1 g + O(g^2)$$

と展開すれば，近距離での漸近形

$$\left\langle \Phi^I(\vec{r}) \Phi^J(\vec{0}) \right\rangle_{g;\mu} \approx \delta_{I,J} \left( \frac{g}{1+cg} \right)^{2\gamma} \bar{g}(\ln \mu r; g)^{-2\gamma} f_0$$

が得られる．ここで

$$\bar{g}(\ln \mu r; g) \simeq \frac{1}{-\ln \mu r} \ll 1$$

であるから

$$\left\langle \Phi^I(\vec{r})\Phi^J(\vec{0}) \right\rangle_{g;\mu} \simeq \delta_{I,J} \left( \frac{g}{1+cg} \right)^{2\gamma} f_0 \cdot (-\ln \mu r)^{2\gamma}$$

であることがわかる．付録 A.3 の最後では，2 点関数の $N \to \infty$ の極限から $\lim_{N\to\infty} \gamma = \frac{1}{2}$ を導いている．

# 第 10 章　補説

◆**パラメターの漸近近似**

パラメターのくりこみ群方程式

$$\frac{d}{dt}g(t) = g(t)^2 + cg(t)^3$$

の解は，

$$\Lambda(g) \equiv e^{-\frac{1}{g}} \left( \frac{g}{1+cg} \right)^{-c} = e^{-\frac{1}{g}} \left( \frac{1}{g} + c \right)^c$$

として，間接的に

$$\Lambda(g(t)) = e^t \Lambda(g(0))$$

で与えられる．この対数をとって，

$$-\frac{1}{g(t)} + c \ln \left( \frac{1}{g(t)} + c \right) = t + \ln \Lambda(g(0))$$

を得る．これを少し書き換えると

$$\frac{1}{g(t)} + c = -t - \ln \Lambda(g(0)) + c + c \ln \left( \frac{1}{g(t)} + c \right)$$

となる．

$-t \gg 1$ のとき，右辺の対数は $-t$ に比べて小さいので，上の式を使って $\frac{1}{g(t)} + c$ を逐次近似することができる．右辺の対数の $\frac{1}{g(t)} + c$ に右辺全体を代入して，

$$\frac{1}{g(t)} + c = -t - \ln \Lambda(g(0)) + c$$

$$+c\ln\left\{-t - \ln\Lambda(g(0)) + c + c\ln\left(\frac{1}{g(t)} + c\right)\right\}$$

を得る. 右辺を近似して, $-t \gg 1$ で成り立つ近似式

$$\frac{1}{g(t)} + c = -t - \ln\Lambda(g(0)) + c + c\ln(-t) + \mathrm{O}(1/t)$$

すなわち

$$\frac{1}{g(t)} = -t + c\ln(-t) - \ln\Lambda(g(0)) + \mathrm{O}(1/t)$$

を得る.

# 【まとめ】——第 10 章

## ■ 1. Boltzmann の重み

2 次元 $\mathrm{O}(N)$ 非線形 $\sigma$ 模型は

$$S = -\frac{1}{2T}\sum_{\vec{n}}\sum_{i=1,2}\sum_{I=1}^{N}\left(\Phi^I_{\vec{n}+\hat{i}} - \Phi^I_{\vec{n}}\right)^2$$

で定義される. ここで $\Phi^I_{\vec{n}}$ は非線形条件

$$\sum_{I=1}^{N}\left(\Phi^I_{\vec{n}}\right)^2 = 1$$

を満たす.

## ■ 2. 自発的に破れない対称性

$T > 0$ で $\mathrm{O}(N)$ 対称性は保たれるが, $T \to 0+$ で相関長は無限になる.

## ■ 3. スケーリング則

十分小さい $T$ と十分大きい $t$ に対して, スケーリング則は

$$\left\langle \Phi^{I_1}_{\vec{n}_1 \mathrm{e}^t} \cdots \Phi^{I_N}_{\vec{n}_N \mathrm{e}^t} \right\rangle_T \sim T^{N\gamma} F^{I_1,\cdots,I_N}\left(\frac{\vec{n}_i \mathrm{e}^t - \vec{n}_j \mathrm{e}^t}{\xi(T)}\right)$$

で与えられる．ただし $\xi(T)$ は相関長である．$\gamma$ は

$$\gamma = \frac{1}{2}\frac{N-1}{N-2}$$

で与えられる．

### ■ 4. パラメーターのくりこみ群方程式

$\mathcal{S}_\infty$ は有意な境界線上のパラメーター $g > 0$ を座標とする．$g$ は Wilson のくりこみ群方程式

$$\frac{d}{dt}g = g^2 + cg^3$$

を満たす．ただし

$$c = \frac{1}{N-2}$$

である．

### ■ 5. 相関長のパラメーター依存性

$\mathcal{S}_\infty$ 上の理論は，相関長

$$\xi(g) \propto \frac{1}{\Lambda(g)}$$

をもつ．ただし

$$\Lambda(g) \equiv e^{-\frac{1}{g}} \left(\frac{g}{1+cg}\right)^{-c}$$

である．

### ■ 6. 温度 $T$ の $t$ 依存性

$\xi(T) \propto e^t$ とするには

$$T = \frac{1}{A} \cdot \frac{1}{t + c\ln t - \ln \Lambda(g)}$$

とすればよい．ただし定数 $A$ は $\frac{N-2}{2\pi}$ で与えられる．

### ■ 7. 連続極限の定義

上のように $T$ を $t$ に依存させて，連続極限を

$$
\begin{aligned}
&\left\langle \Phi^{I_1}(\vec{r}_1) \cdots \Phi^{I_N}(\vec{r}_N) \right\rangle_{g;\mu} \\
&\equiv \left( \frac{g}{1+cg} \right)^{N\gamma} \lim_{t \to \infty} t^{N\gamma} \left\langle \Phi^{I_1}_{\mu \vec{r}_1 e^t} \cdots \Phi^{I_N}_{\mu \vec{r}_N e^t} \right\rangle_T
\end{aligned}
$$

で定義することができる．

### ■ 8. 相関関数のくりこみ群方程式

相関関数の連続極限の満たすくりこみ群方程式

$$
\left( -\mu \partial_\mu + (g^2 + cg^3) \partial_g - N\gamma\, g \right) \left\langle \Phi^{I_1}(\vec{r}_1) \cdots \Phi^{I_N}(\vec{r}_N) \right\rangle_{g;\mu} = 0
$$

### ■ 9. 近距離展開

2 点関数は $r \to 0$ で

$$
\left\langle \Phi^I(\vec{r}) \Phi^J(\vec{0}) \right\rangle_{g;\mu} \sim \delta_{I,J} \left( \frac{g}{1+cg} (-) \ln \mu r \right)^{2\gamma}
$$

のようにふるまう．

# 付録A　ラージ$N$極限

**ラージ$N$極限は，臨界指数を計算するのに有効な方法．**

　これまで，いくつかの例を使って連続極限のとり方を説明してきた．連続極限をとるには，理論の臨界点を知らねばならないし，また臨界点における臨界指数も知らねばならない．本文では，これらを既知として話を進めた．この付録Aでは，$N$個の実スカラー場の理論である線形$\sigma$模型を導入し，$N$が大きい場合に成り立つ近似を使って，理論の臨界点とその臨界指数を求めることにしよう．

　臨界指数を計算する上でよく使われる方法には，ラージ$N$極限の他に$\epsilon$展開がある．$\epsilon$展開の方法では，まず空間次元を$D$として，$\epsilon$という量を$\epsilon \equiv 4-D$と定義する．$\phi^4$理論で見たように，Gauss不動点とWilson–Fisher不動点は$\epsilon = 0$で一致する．$\epsilon$が小さければ，ふたつの不動点は近くて，Gauss不動点からWilson–Fisher不動点に達するのに必要な相互作用の大きさも$\epsilon$程度でよい．$\epsilon$展開の基本的な発想は「Wilson–Fisher不動点における臨界指数を，Gauss不動点からの摂動によって求める」ことである．$\epsilon$展開について学びたい読者は，巻末の参考文献を当たってほしい．

　さて，O($N$) 線形$\sigma$模型を定義しよう．立方格子上の各格子点$\vec{n}$に$N$個のスカラー場$\phi_{\vec{n}}^I$を導入する．Boltzmannの重みは，

$$S = -\sum_{\vec{n}} \left[ \frac{1}{2} \sum_{i=1}^{D} \sum_{I=1}^{N} \left( \phi_{\vec{n}+\hat{i}}^I - \phi_{\vec{n}}^I \right)^2 \right.$$
$$\left. + \frac{m_0^2}{2} \sum_{I=1}^{N} \left( \phi_{\vec{n}}^I \right)^2 + \frac{\lambda_0}{8N} \left( \sum_{I=1}^{N} \left( \phi_{\vec{n}}^I \right)^2 \right)^2 \right]$$

と定義する．$N=1$で，なじみのある$\phi^4$理論になる．$N \gg 1$の場合（$N$が非常に大きいのでラージ$N$極限という）には，この模型の臨界点および臨界指数

$y_E, x_h$ を求めることができる.

スカラー場の数 $N$ が大きくなると，場の平均的な振る舞いが重要になる．このおかげで理論は理解しやすくなる．分配関数を求めるにあたって，重要となるのは**鞍点近似**(あんてん)である．1 変数の積分の場合について鞍点近似を思い出してみよう．$f(x)$ が $x_0$ に最小値をもつ場合，$N \gg 1$ であれば

$$\int_{-\infty}^{\infty} dx\, e^{-Nf(x)} \approx e^{-Nf(x_0)} \int_{-\infty}^{\infty} dx\, e^{-\frac{N}{2}f''(x_0)x^2}$$
$$= \sqrt{\frac{\pi}{Nf''(x_0)}}\, e^{-Nf(x_0)}$$

と近似的に積分を計算することができる．

鞍点法を使うためには，まず補助場を使って Boltzmann の重みを書き直さなければならない．

$$S = -\sum_{\vec{n}} \left[ \frac{1}{2} \sum_{i=1}^{D} \sum_{I=1}^{N} \left( \phi_{\vec{n}+\hat{i}}^I - \phi_{\vec{n}}^I \right)^2 + \frac{m_0^2}{2} \sum_{I=1}^{N} \left( \phi_{\vec{n}}^I \right)^2 \right.$$
$$\left. + \frac{\lambda_0}{8N} \left( \sum_{I=1}^{N} \left( \phi_{\vec{n}}^I \right)^2 \right)^2 + \frac{N}{2\lambda_0} \left( \alpha_{\vec{n}} - i\frac{\lambda_0}{2N}(\phi_{\vec{n}}^I)^2 \right)^2 \right]$$

$\alpha_{\vec{n}}$ を先に積分すると，もとの $S$ に帰着する．積分の順番を変えて $\phi_{\vec{n}}^I$ について先に積分することにすると，非自明な結果を得ることができる．$\alpha_{\vec{n}}$ の項を展開すると $\phi^4$ の項を消去することができる．

$$S = -\sum_{\vec{n}} \left[ \frac{1}{2} \sum_{I=1}^{N} \left\{ \sum_{i=1}^{D} \left( \phi_{\vec{n}+\hat{i}}^I - \phi_{\vec{n}}^I \right)^2 + \frac{m_0^2 - i\alpha_{\vec{n}}}{2} \left( \phi_{\vec{n}}^I \right)^2 \right\} + \frac{N}{2\lambda_0} \alpha_{\vec{n}}^2 \right]$$

$\phi^I$ についての積分は $I$ に依らず，分配関数は，

$$Z = \prod_{\vec{n}} \left( \int d\alpha_{\vec{n}} \prod_{I=1}^{N} \int d\phi_{\vec{n}}^I \right) e^S$$
$$= \prod_{\vec{n}} \left( \int d\alpha_{\vec{n}} \right) \exp\left[ -\frac{N}{2\lambda_0} \alpha_{\vec{n}}^2 \right] Z_1[\alpha]^N$$
$$= \prod_{\vec{n}} \left( \int d\alpha_{\vec{n}} \right) \exp\left[ -N \left( \frac{1}{2\lambda_0} \alpha_{\vec{n}}^2 - \ln Z_1[\alpha] \right) \right]$$

となる.ただし

$$Z_1[\alpha] \equiv \prod_{\vec{n}} \left( \int d\phi_{\vec{n}} \right) \exp \left[ -\frac{1}{2} \sum_{\vec{n}} \left( \sum_{i=1}^{D} (\phi_{\vec{n}+\hat{i}} - \phi_{\vec{n}})^2 + (m_0^2 - i\alpha_{\vec{n}}) \phi_{\vec{n}}^2 \right) \right]$$

である.

$N \gg 1$ であれば,鞍点法を使って $\alpha_{\vec{n}}$ について積分できる.積分変数を

$$\alpha_{\vec{n}} = i\Delta m_0^2 + \sigma_{\vec{n}}$$

と書き換えよう.ここで,$i\Delta m_0^2$(純虚数)は鞍点,$\sigma_{\vec{n}}$ はそのまわりの揺らぎである.$N \to \infty$ の極限では,揺らぎについての積分は無視してよい.

鞍点の値 $\Delta m_0^2$ は

$$\left. \frac{\partial}{\partial \alpha_{\vec{n}}} \left( \frac{1}{2\lambda_0} \sum_{\vec{n}'} \alpha_{\vec{n}'}^2 - \ln Z_1[\alpha] \right) \right|_{\alpha = i\Delta m_0^2} = 0$$

によって決まる.したがって,

$$S' \equiv \sum_{\vec{n}} \left\{ \frac{1}{2} \sum_{i=1}^{D} (\phi_{\vec{n}+\hat{i}} - \phi_{\vec{n}})^2 + \frac{m_0^2 + \Delta m_0^2}{2} \phi_{\vec{n}}^2 \right\}$$

として

$$\Delta m_0^2 - \lambda_0 \left\langle \frac{1}{2} \phi_{\vec{n}}^2 \right\rangle_{S'} \equiv \frac{1}{\prod \int (d\phi_{\vec{n}'}) e^{S'}} \prod_{\vec{n}'} \left( \int d\phi_{\vec{n}'} \right) \left( \Delta m_0^2 - \lambda_0 \frac{1}{2} \phi_{\vec{n}}^2 \right) e^{S'}$$
$$= 0$$

より $\Delta m_0^2$ を求めることができる.

ここで

$$m_{0,\text{ph}}^2 \equiv m_0^2 + \Delta m_0^2$$

と置くと,$O(N)$ 対称な相は $m_{0,\text{ph}}^2 > 0$ で与えられる.このとき $S'$ は,格子単位で測って相関長が $1/m_{0,\text{ph}}$ の自由場の理論を与えている.よって 2 点関数は,

$$\langle \phi_{\vec{n}}^I \phi_{\vec{0}}^J \rangle_{S'} = \delta_{IJ} \int_{|k_i|<\pi} \frac{d^D k}{(2\pi)^D} \frac{\mathrm{e}^{i\vec{k}\cdot\vec{n}}}{4\sum_{i=1}^D \sin^2 \frac{k_i}{2} + m_{0,\mathrm{ph}}^2}$$

で与えられる．格子間隔に長さ $\frac{1}{\mu \mathrm{e}^t}$ を与えると，自由粒子の物理的な質量 $M_{\mathrm{ph}}$ は

$$m_{0,\mathrm{ph}}^2 = \mathrm{e}^{-2t} \frac{M_{\mathrm{ph}}^2}{\mu^2}$$

で与えられる．
上の2点関数を使えば，$\Delta m_0^2$ は

$$\Delta m_0^2 = \frac{\lambda_0}{2} I_D(m_{0,\mathrm{ph}}^2)$$

で与えられる．ただし

$$I_D(m_{0,\mathrm{ph}}^2) \equiv \int_{|k_i|<\pi} \frac{d^D k}{(2\pi)^D} \frac{1}{4\sum_{i=1}^D \sin^2 \frac{k_i}{2} + m_{0,\mathrm{ph}}^2}$$

である．

よって，$N \to \infty$ の極限では，スカラー粒子は自由粒子であり，揺らぎ $\sigma_{\vec{n}}$ によって与えられる相互作用の強さは $\frac{1}{N}$ の程度である．スカラー場のスケール次元は，自由場と同じ

$$x_h = \frac{D-2}{2}$$

で与えられる．

以下，$D = 3, 4, 2$ の場合をそれぞれ仮定して，もうひとつの臨界指数 $y_E$ を求めよう．それには $\mathrm{O}(N)$ 対称な相だけを考えればよい．

## A.1　$D = 3$ の場合

鞍点の値は，

$$\Delta m_0^2 = \lambda_0 \left\langle \frac{1}{2} \phi_{\vec{n}}^2 \right\rangle_{S'} = \frac{\lambda_0}{2} I_3(m_{0,\mathrm{ph}}^2)$$

で与えられる．ここで

$$I_3(m_{0,\text{ph}}^2) - I_3(0)$$
$$= -m_{0,\text{ph}}^2 \int_{|k_i|<\pi} \frac{d^3k}{(2\pi)^3} \frac{1}{\left(4\sum_{i=1}^3 \sin^2 \frac{k_i}{2} + m_{0,\text{ph}}^2\right) \cdot 4\sum_{i=1}^3 \sin^2 \frac{k_i}{2}}$$

となるが，$m_{0,\text{ph}}^2 = \mathrm{e}^{-2t}\frac{M_{\text{ph}}^2}{\mu^2}$ より，$\mathrm{e}^{-3t}$ のオーダーの項を無視すれば，

$$I_3(m_{0,\text{ph}}^2) - I_3(0) \simeq -\mathrm{e}^{-t}\frac{M_{\text{ph}}^2}{\mu}\int \frac{d^3k}{(2\pi)^3}\frac{1}{(k^2+M_{\text{ph}}^2)k^2} = -\mathrm{e}^{-t}\frac{1}{4\pi}\frac{M_{\text{ph}}}{\mu}$$

を得る．したがって

$$\Delta m_0^2 = \frac{\lambda_0}{2}I_3(0) - \frac{\lambda_0}{8\pi}\frac{M_{\text{ph}}}{\mu}\mathrm{e}^{-t}$$

となって

$$m_{0,\text{ph}}^2 = m_0^2 + \Delta m_0^2 = m_0^2 + \frac{\lambda_0}{2}I_3(0) - \frac{\lambda_0}{8\pi}\frac{M_{\text{ph}}}{\mu}\mathrm{e}^{-t}$$

が得られる．

まず，$\lambda_0$ を一定にする場合を考えよう．このときオーダー $\mathrm{e}^{-2t}$ の左辺は無視できて，

$$m_0^2 = -\frac{\lambda_0}{2}I_3(0) + \frac{\lambda_0}{8\pi}\frac{M_{\text{ph}}}{\mu}\mathrm{e}^{-t}$$

を得る．これを予想される式

$$m_0^2 = m_{0,\text{cr}}^2(\lambda_0) + z_m(\lambda_0)\frac{g_E}{\mu^2}\mathrm{e}^{-y_E t}$$

と比較して，

$$\begin{cases} m_{0,\text{cr}}^2(\lambda_0) &= -\frac{\lambda_0}{2}I_3(0) < 0 \\ y_E &= 1 \\ z_m(\lambda_0) &= \frac{\lambda_0}{8\pi} \\ \frac{M_{\text{ph}}}{\mu} &= \frac{g_E}{\mu^2} \Longrightarrow M_{\text{ph}} = g_E/\mu \end{cases}$$

を得る．

次に $\lambda_0 = \mathrm{O}(\mathrm{e}^{-t})$ の場合を考えよう．このとき

として，
$$\lambda_0 = \frac{u}{\mu}\mathrm{e}^{-t}$$
として，
$$m_0^2 = -\frac{u}{2\mu \mathrm{e}^t}I_3(0) + \frac{1}{\mu^2 \mathrm{e}^{2t}}\left(M_{\mathrm{ph}}^2 + \frac{u}{8\pi}M_{\mathrm{ph}}\right)$$
を得る．これを予想される
$$m_0^2 = -\frac{u}{\mu \mathrm{e}^t}B + \frac{1}{\mu^2 \mathrm{e}^{2t}}\left(M^2 - Ctu^2\right)$$
と比較して，
$$\begin{cases} B &= \frac{1}{2}I_3(0) \\ M^2 &= M_{\mathrm{ph}}^2 + \frac{u}{8\pi}M_{\mathrm{ph}} \\ C &= 0 \end{cases}$$
を得る．よって2番目の式から，
$$M_{\mathrm{ph}} = \sqrt{M^2 + \left(\frac{u}{16\pi}\right)^2} - \frac{u}{16\pi}$$
となる．

### ◆強結合の極限

第8.3節の最後に，どうやってふたつの連続極限をつなげるかを説明した．有意なパラメターが $g_E$ ひとつだけの連続極限を，有意なパラメターが $M^2$ と $\lambda$ のふたつある連続極限の強結合極限として得ることができるはずである．$M^2$ と $u$ で与えられる理論は，$M^2 = 0$ のとき物理的な質量がゼロになるから
$$M_{\mathrm{cr}}^2 = 0$$
である．第8.3節の結果より，
$$\begin{cases} M^2 &\propto g_E \, \mathrm{e}^{(2-y_E)t} = g_E \mathrm{e}^t \\ u &\propto \mathrm{e}^t \end{cases}$$
として，$t \to \infty$ の極限をとればよい．そこで $M^2$ と $u$ の比を
$$\frac{M^2}{\frac{u}{16\pi}} = \frac{2g_E}{\mu}$$

と一定にしたまま，$M^2$ と $u$ をともに大きくすることを考える．すると，粒子の質量は，

$$M_{\rm ph} = \frac{u}{16\pi} \left( \sqrt{1 + \frac{2g_E}{\mu} \frac{1}{\frac{u}{16\pi}}} - 1 \right) \xrightarrow[\mu]{u \to \infty} \frac{g_E}{\mu}$$

と得られる．この結果は $\lambda_0$ を一定にして得た連続極限に一致する．

## A.2 $D = 4$ の場合

鞍点の値は，

$$\Delta m_0^2 = \frac{\lambda_0}{2} I_4(m_{0,\rm ph}^2)$$

で与えられる．$I_4$ を計算しよう．

$$\frac{1}{m_{0,\rm ph}^2} \left( I_4(m_{0,\rm ph}^2) - I(0) \right)$$
$$= -\int_{|k_i|<\pi} \frac{d^4k}{(2\pi)^4} \frac{1}{\left(4\sum_{i=1}^4 \sin^2 \frac{k_i}{2} + m_{0,\rm ph}^2\right) \cdot 4\sum_{i=1}^4 \sin^2 \frac{k_i}{2}}$$

だから

$$\frac{\partial}{\partial m_{0,\rm cr}^2} \left\{ \frac{1}{m_{0,\rm ph}^2} \left( I_4(m_{0,\rm ph}^2) - I_4(0) \right) \right\}$$
$$= \int_{|k_i|<\pi} \frac{d^4k}{(2\pi)^4} \frac{1}{\left(4\sum_{i=1}^4 \sin^2 \frac{k_i}{2} + m_{0,\rm ph}^2\right)^2 \cdot 4\sum_{i=1}^4 \sin^2 \frac{k_i}{2}}$$
$$= \int \frac{d^4k}{(2\pi)^4} \frac{1}{\left(k^2 + m_{0,\rm ph}^2\right)^2 k^2} + 定数$$
$$\simeq \frac{1}{(4\pi)^2} \frac{1}{m_{0,\rm ph}^2}$$

したがって $B_4$ を定数として

$$I_4(m_{0,\rm ph}^2) - I_4(0) = \frac{1}{(4\pi)^2} m_{0,\rm ph}^2 \left( \ln m_{0,\rm ph}^2 + B_4 \right)$$

が得られる．よって

となる. ここで

$$m_{0,\text{ph}}^2 = \frac{M_{\text{ph}}^2}{\mu^2 \text{e}^{2t}} \overset{t\to\infty}{\longrightarrow} 0$$

を使うと,

$$\begin{aligned}m_0^2 &= m_{0,\text{ph}}^2 - \Delta m_0^2 \\ &= -\frac{\lambda_0}{2}I_4(0) + \text{e}^{-2t}\frac{\lambda_0}{(4\pi)^2}\left(\frac{(4\pi)^2}{\lambda_0} + t - \frac{1}{2}\ln\frac{M_{\text{ph}}^2}{\mu^2} - \frac{1}{2}B_4\right)\frac{M_{\text{ph}}^2}{\mu^2}\end{aligned}$$

を得る. これより, 2乗質量の臨界値は,

$$m_{0,\text{cr}}^2(\lambda_0) = -\frac{\lambda_0}{2}I_4(0) < 0$$

であることがわかる. 理論のふたつのパラメターを

$$\begin{cases}\lambda &\equiv \frac{1}{\frac{(4\pi)^2}{\lambda_0}+t-\frac{1}{2}B_4} \\ M^2 &\equiv M_{\text{ph}}^2\left(1-\lambda\ln\frac{M_{\text{ph}}}{\mu}\right)\end{cases}$$

とすると, 上の結果は

$$m_0^2 = m_{0,\text{cr}}^2(\lambda_0) + \text{e}^{-2t}\frac{\frac{\lambda_0}{(4\pi)^2}}{\lambda}\frac{M^2}{\mu^2}$$

と書き直すことができる.

この結果を, 予想される

$$m_0^2 = m_{0,\text{cr}}^2(\lambda_0) + z_m(\lambda_0)\text{e}^{-2t}\left(\frac{1-c\lambda(\lambda_0)}{\lambda(\lambda_0)}\frac{\lambda}{1-c\lambda}\right)^{\beta_m}\frac{M^2}{\mu^2}$$

と比較すれば,

$$\begin{cases}c &= 0 \\ \beta_m &= -1 \\ \lambda(\lambda_0) &= \frac{\lambda_0}{(4\pi)^2} \\ z_m(\lambda_0) &= 1\end{cases}$$

が得られる.

## A.3 $D=2$ の場合

鞍点の値は,

$$\Delta m_0^2 = \frac{\lambda_0}{2} I_2(m_{0,\text{ph}}^2)$$

で与えられる. $I_2$ を計算しよう.

$$\begin{aligned}
-\frac{\partial}{\partial m_{0,\text{ph}}^2} I_2(m_{0,\text{ph}}^2) &= \int_{|k_i|<\pi} \frac{d^2k}{(2\pi)^2} \frac{1}{\left\{4\sum_{i=1,2}\sin^2\frac{k_i}{2} + m_{0,\text{ph}}^2\right\}^2} \\
&\simeq \int \frac{d^2k}{(2\pi)^2} \frac{1}{\left(k^2 + m_{0,\text{ph}}^2\right)^2} + 定数 \\
&\simeq \frac{1}{4\pi} \frac{1}{m_{0,\text{ph}}^2}
\end{aligned}$$

よって, 十分小さい $m_{0,\text{ph}}^2$ については, $B_2$ を定数として

$$I_2(m_{2,\text{cr}}^2) = -\frac{1}{4\pi}\left(\ln m_{0,\text{ph}}^2 + B_2\right)$$

を得る.

したがって

$$\Delta m_0^2 = \frac{\lambda_0}{2}\frac{-1}{4\pi}\left(\ln m_{0,\text{ph}}^2 + B_2\right)$$

となって,

$$m_{0,\text{ph}}^2 = m_0^2 + \Delta m_0^2 = m_0^2 + \frac{\lambda_0}{2}\frac{-1}{4\pi}\left(\ln m_{0,\text{ph}}^2 + B_2\right)$$

を得る. ここで質量次元 2 のパラメター $\lambda$ を

$$\lambda_0 = \frac{\lambda}{\mu^2}\text{e}^{-2t} \ll 1$$

と導入すれば, $m_{0,\text{ph}}^2 = \text{e}^{-2t} M_{\text{ph}}^2/\mu^2$ より

$$m_0^2 = \text{e}^{-2t}\frac{1}{\mu^2}\left(M_{\text{ph}}^2 + \frac{1}{8\pi}\lambda\left(-2t + B_2 + \ln\frac{M_{\text{ph}}^2}{\mu^2}\right)\right)$$

$$= \mathrm{e}^{-2t} \frac{1}{\mu^2} \left( \frac{\lambda}{8\pi}(-2t + B_2) + M_{\mathrm{ph}}^2 + \frac{\lambda}{8\pi} \ln \frac{M_{\mathrm{ph}}^2}{\mu^2} \right)$$

を得る．もうひとつ，質量次元 2 のパラメター $M^2$ を

$$M^2 = M_{\mathrm{ph}}^2 + \frac{\lambda}{8\pi} \ln \frac{M_{\mathrm{ph}}^2}{\mu^2}$$

で導入すれば，

$$m_0^2 = \mathrm{e}^{-2t} \frac{1}{\mu^2} \left[ M^2 + \frac{\lambda}{8\pi}(-2t + B_2) \right]$$

と表すことができる．

連続極限は，有意なパラメター $M^2, \lambda$ で記述され，粒子の 2 乗質量はくりこみ群方程式

$$\left( -\mu \frac{\partial}{\partial \mu} + \frac{\lambda}{4\pi} \frac{\partial}{\partial M^2} \right) M_{\mathrm{ph}}^2 = 0$$

を満たす．パラメター $\lambda$ は正に限られるが，$M^2$ はまったく制限を受けない．$M^2 \to +\infty$ で $M_{\mathrm{ph}} \to +\infty$ となり，また $M^2 \to -\infty$ の極限で，$M_{\mathrm{ph}} \to 0$ となる．したがって，臨界点は $M^2 = -\infty$ であり，相は O($N$) 対称な相ひとつしかない．このことは，「2 次元では連続な対称性は自発的に破れない」という Mermin–Wagner の定理にかなっている．

### ◆強結合の極限

第 10 章で紹介した O($N$) 非線形 $\sigma$ 模型は，線形 $\sigma$ 模型の強結合極限として得ることができる．$M^2 < 0$ として $g > 0$ を

$$\frac{1}{4\pi g} \equiv \frac{-M^2}{\lambda}$$

とする．与えられた $g$ のもとで，$-M^2$ と $\lambda$ をともに無限大にもっていくと

$$\frac{-M^2}{\lambda} = -\frac{M_{\mathrm{ph}}^2}{\lambda} - \frac{1}{8\pi} \ln \frac{M_{\mathrm{ph}}^2}{\mu^2} \xrightarrow{\lambda \to +\infty} -\frac{1}{8\pi} \ln \frac{M_{\mathrm{ph}}^2}{\mu^2}$$

より

$$\frac{M_{\text{ph}}^2}{\mu^2} = \exp\left(\frac{-2}{g}\right)$$

を得る.

2 乗質量は, くりこみ群方程式

$$g^2 \frac{d}{dg} \exp\left(\frac{-2}{g}\right) = 2 \exp\left(\frac{-2}{g}\right)$$

を満たすから, $g$ のくりこみ群方程式が

$$\frac{d}{dt} g = g^2$$

であることがわかる. よって, 強結合極限はパラメターを $g$ とする非線形 $\sigma$ 模型を与えることがわかる.

スカラー場の異常次元を知るには, 自由場の 2 点関数の短距離極限

$$\left\langle \phi^I(\vec{r})\phi^J(\vec{0}) \right\rangle = \delta_{IJ} \int \frac{d^2p}{(2\pi)} \frac{\mathrm{e}^{ipr}}{p^2 + M_{\text{ph}}^2} \simeq \delta_{IJ} \frac{1}{2\pi}(-)\ln(M_{\text{ph}} r)$$

を使えばよい. これを非線形 $\sigma$ 模型で予想される短距離極限

$$\left\langle \Phi^I(\vec{r})\Phi^J(\vec{0}) \right\rangle \propto \delta_{IJ}(-\ln \mu r)^{2\gamma}$$

と比べて,

$$\gamma = \frac{1}{2}$$

を得る.

## A.4  3 次元 $\phi^6$ 理論

第 7.7 節では, $\phi^6$ 理論は $\phi^4$ 理論と同じ連続極限を与えることを説明した. ラージ $N$ の近似を使って, 3 次元の場合に具体的にこの同等性を示そう. Boltzmann の重みが次式で表されるような格子理論

$$S = -\sum_{\vec{n}} \left[ \frac{1}{2} \sum_{i=1}^{3} \sum_{I=1}^{N} \left( \phi^I_{\vec{n}+\hat{i}} - \phi^I_{\vec{n}} \right)^2 \right.$$

$$+m_0^2 \frac{1}{2} \sum_{I=1}^{N} \left(\phi_{\vec{n}}^I\right)^2 + \frac{u_0}{N^2} \frac{1}{3!} \left(\frac{1}{2}\sum_{I=1}^{N}\left(\phi_{\vec{n}}^I\right)^2\right)^3 \Bigg]$$

を考える.まずデルタ関数の公式

$$\int_{-\infty}^{\infty} \frac{d\alpha}{2\pi/N} \exp\left(-iN\alpha x\right) = \delta(x)$$

を使って,

$$\exp\left[-\frac{u_0}{N^2}\frac{1}{3!}\sum_{\vec{n}}\left(\frac{1}{2}\sum_{I=1}^{N}(\phi_{\vec{n}}^I)^2\right)^3\right]$$
$$= \left(\prod_{\vec{n}} \int dX_{\vec{n}}\, \delta\left(X_{\vec{n}} - \frac{1}{2N}\sum_{I=1}^{N}(\phi_{\vec{n}}^I)^2\right)\right) \exp\left[-Nu_0 \frac{1}{3!}\sum_{\vec{n}} X_{\vec{n}}^3\right]$$
$$= \left(\prod_{\vec{n}} \int d\alpha_{\vec{n}} dX_{\vec{n}}\right) \exp\left[i\sum_{\vec{n}} N\alpha_{\vec{n}}\left(\frac{1}{2N}\sum_{I=1}^{N}(\phi_{\vec{n}}^I)^2 - X_{\vec{n}}\right) - Nu_0 \frac{1}{3!} X_{\vec{n}}^3\right]$$

を得る[*1].したがって,Boltzmann の重みは,

$$S = -\sum_{\vec{n}} \left[\frac{1}{2}\sum_{i=1}^{3}\sum_{I=1}^{N}\left(\phi_{\vec{n}+\hat{i}}^I - \phi_{\vec{n}}^I\right)^2 + (m_0^2 - i\alpha_{\vec{n}})\frac{1}{2}\sum_{I=1}^{N}\left(\phi_{\vec{n}}^I\right)^2 \right. $$
$$\left. + N\left(i\alpha_{\vec{n}} X_{\vec{n}} + u_0 \frac{1}{3!} X_{\vec{n}}^3\right)\right]$$

で置き換えることができる.

先に $\phi_{\vec{n}}^I$ を積分して,

$$Z = \left(\prod_{\vec{n}} \int d\alpha_{\vec{n}} dX_{\vec{n}} \prod_{i=1}^{N} d\phi_{\vec{n}}^I\right) e^S$$
$$= \left(\prod_{\vec{n}} \int d\alpha_{\vec{n}} dX_{\vec{n}}\right) \exp\left[N\left(\ln Z_1[\alpha] + \sum_{\vec{n}}\left(i\alpha_{\vec{n}} X_{\vec{n}} + u_0 \frac{1}{3!} X_{\vec{n}}^3\right)\right)\right]$$

を得る.$\alpha_{\vec{n}}$ の鞍点を線形 $\sigma$ 模型の場合と同じく $i\Delta m_0^2$ と表し,また $X_{\vec{n}}$ の鞍点をそのまま $X_{\vec{n}}$ で表すことにすれば,

---

[*1] 厳密には,$\frac{d\alpha_{\vec{n}}}{2\pi/N}$ であるべきだが,定数 $2\pi/N$ の因子は無視してよい.

$$\frac{\partial}{\partial \alpha_{\vec{n}}} \ln Z_1[\alpha] - iX_{\vec{n}} = 0$$

および

$$-\Delta m_0^2 + u_0 \frac{1}{2} X_{\vec{n}}^2 = 0$$

を得る.

最初の式より

$$X_{\vec{n}} = \frac{1}{2} \langle \phi_{\vec{n}}^2 \rangle_{S'} = \frac{1}{2} I_3(m_{0,\text{ph}}^2)$$

を得て, 2 番目の式から

$$\Delta m_0^2 = u_0 \frac{1}{8} \left\{ I_3(m_{0,\text{ph}}^2) \right\}^2$$

を得る. ただし

$$m_{0,\text{ph}}^2 \equiv m_0^2 + \Delta m_0^2 = \text{e}^{-2t} \frac{M_{\text{ph}}^2}{\mu^2}$$

である. よって

$$I_3(m_{0,\text{ph}}^2) \simeq I_3(0) - \text{e}^{-t} \frac{1}{4\pi} \frac{M_{\text{ph}}}{\mu}$$

となって

$$\text{e}^{-2t} \frac{M_{\text{ph}}^2}{\mu^2} = m_0^2 + u_0 \frac{1}{8} \left( I_3(0) - \text{e}^{-t} \frac{1}{4\pi} \frac{M_{\text{ph}}}{\mu} \right)^2$$

を得る.

まず $u_0$ が 1 のオーダーの場合を考えよう. $\text{e}^{-2t}$ の項を無視して,

$$m_0^2 = -u_0 \frac{1}{8} I_3(0)^2 + \text{e}^{-t} \frac{u_0}{16\pi} I_3(0) \frac{M_{\text{ph}}}{\mu}$$

を得る. したがって, 2 乗質量の臨界値は

$$m_{0,\text{cr}}^2(u_0) = -u_0 \frac{1}{8} I_3(0)^2$$

であり, 線形 $\sigma$ 模型と同じ臨界指数

$$y_E = 1$$

が得られる．

つぎに，$u_0$ が $\mathrm{e}^{-t}$ のオーダーの場合を考えよう．

$$u_0 = \mathrm{e}^{-t} \frac{2}{I_3(0)} \frac{u}{\mu}$$

とすると，線形 $\sigma$ 模型と同じ結果になる．実際，

$$\mathrm{e}^{-2t} \frac{M_{\mathrm{ph}}^2}{\mu^2} = m_0^2 + \mathrm{e}^{-t} \frac{u}{\mu} \frac{1}{4 I_3(0)} \left( I_3(0)^2 - \mathrm{e}^{-t} \frac{1}{2\pi} I_3(0) \frac{M_{\mathrm{ph}}}{\mu} \right)$$

より

$$m_0^2 = -\mathrm{e}^{-t} \frac{u}{\mu} \frac{1}{4} I_3(0) + \mathrm{e}^{-2t} \frac{1}{\mu^2} \underbrace{\left( M_{\mathrm{ph}}^2 + \frac{u}{8\pi} M_{\mathrm{ph}} \right)}_{= M^2}$$

を得て

$$M^2 = M_{\mathrm{ph}}^2 + \frac{u}{8\pi} M_{\mathrm{ph}}$$

となる．これは，線形 $\sigma$ 模型の結果

$$M_{\mathrm{ph}} = \sqrt{M^2 + \left(\frac{u}{16\pi}\right)^2} - \frac{u}{16\pi}$$

を再現したものとなっている．

# 付録B　QEDのくりこみ

第1章で説明したように，QED（量子電気力学）の研究から
くりこみの概念が生まれ，計算手法が確立された．
この付録で計算のあらましをまとめてみよう．

QEDとは，電子と光子の相互作用を表す場の理論である[*1]．光子を表す場は電磁気でよく知られたベクトルポテンシャル $A_\mu(x)$ ($\mu = 1, \cdots, 4$) であり，また電子を表す場は4つの成分をもつスピノル場 $\psi(x)$ である．運動量カットオフ $\Lambda$ を使うと，Boltzmann の重みは

$$S = -\int d^4x \left[ \frac{1}{4} F_{\mu\nu}^2 + \bar{\psi}\left( \frac{1}{i}\gamma_\mu \left( \partial_\mu - ie_0 A_\mu \right) + iM_{\text{bare}} \right)\psi \right]$$

で与えられる．ただし $F_{\mu\nu} \equiv \frac{\partial}{\partial x_\mu} A_\nu - \frac{\partial}{\partial x_\nu} A_\mu$ であり，また $\gamma_\mu$ は4行4列のガンマ行列である[*2]．

QEDは，4次元の $\phi^4$ 理論（第9章）と同じように，正真正銘の連続極限をもたない理論である．QEDのほぼ連続な相関関数をどうやって定義するかについて，$\phi^4$ 理論と対比させながら，以下に概略を示したい（表B.1）．

電荷の2乗 $e_0^2$ が，$\phi^4$ 理論の $\lambda_0$ に対応する．$e^2(e_0^2)$ は Boltzmann の重み $S$ に対応する境界線上のパラメター $e^2$ の値であり，$\phi^4$ 理論の場合の $\lambda(\lambda_0)$ にあたる．$e^2(e_0^2)$ は，連続極限のパラメター $e^2$ とカットオフ $\Lambda$ によって

$$\Lambda_L\left(e^2(e_0^2)\right) = \frac{\mu}{\Lambda}\Lambda_L(e^2)$$

と与えられる．ここで

---

[*1] QEDそのものについては，場の理論についての標準的な教科書を参考にしてほしい．
[*2] 摂動論的に理論を構成するには，ゲージ固定パラメターを導入しなければならないが，ここでは無視する．Lorenz（ローレンツ）ゲージをとっていると考えてほしい．

|  | $\phi^4$ 理論 | QED |
|---|---|---|
| $S$ の結合定数 | $\lambda_0$ | $e_0^2$ |
| $S$ の（2乗）質量 | $M_{\text{bare}}^2$ | $M_{\text{bare}}$ |
| スケール $\Lambda$ でのパラメター | $\lambda(\lambda_0)$ | $e^2(e_0^2)$ |
| スケール $\mu$ でのパラメター | $\lambda$ | $e^2$ |
| 質量パラメターの規格化因子 | $z_m(\lambda_0)$ | $Z_m(e_0^2)$ |
| 場の規格化因子 | $\tilde{Z}(\lambda_0)$ | $1/Z_2(e_0^2)$ |

**表 B.1** 4次元 $\phi^4$ 理論と QED の対応表.

$$\Lambda_L(e^2) \equiv \left(\frac{e^2}{1-ce^2}\right)^{-c} \exp\left(\frac{1}{e^2}\right) \quad \left(\text{ただし } c = -\frac{9}{8}\right)$$

である. 境界線上のパラメター $e^2$ はくりこみ群方程式[*3]

$$\frac{d}{dt}e^2 = -(e^2)^2 + c(e^2)^3$$

を満たすから,

$$\frac{d}{dt}\Lambda_L(e^2) = \Lambda_L(e^2)$$

となる.

$S$ のパラメター $e_0^2$ は $e^2(e_0^2)$ によって決まり, $e^2(e_0^2)$ があまり大きくなければ冪展開できる. $A = 6\pi^2$ として

$$e_0^2 = A\{e^2(e_0^2)\}\left[1 + l_1\{e^2(e_0^2)\} + l_2\{e^2(e_0^2)\}^2 + \cdots\right]$$
$$\equiv e^2/Z_3(e^2, \ln\Lambda/\mu)$$

となる. ここで $Z_3$ を結合定数の比 $e^2/e_0^2$ として定義した.

ほぼ連続な理論を得るためには, $M_{\text{bare}}$ を

$$M_{\text{bare}} = Z_m(e_0^2)\left(\frac{1-ce^2(e_0^2)}{e^2(e_0^2)}\frac{e^2}{1-ce^2}\right)^{\beta_m} M$$

と選べばよい. ただし

$$\beta_m = \frac{9}{4}$$

---

[*3] 通常 $\frac{d}{dt}e^2 = -\frac{e^4}{6\pi^2} - \frac{e^6}{32\pi^4} + \cdots$ と与えられるのを書き換えて得られる.

である．$e_0^2$ があまり大きくなければ，$Z_m(e_0^2)$ は冪展開できる．

$$Z_m(e_0^2) = 1 + z_{m,1}e_0^2 + z_{m,2}(e_0^2)^2 + \cdots$$

ほぼ連続な相関関数は，

$$\langle A_{\mu_1}(\vec{r}_1)\cdots A_{\mu_L}(\vec{r}_L)\psi(\vec{r}_1{}')\cdots\psi(\vec{r}_N{}')\bar{\psi}(\vec{r}_1{}'')\cdots\bar{\psi}(\vec{r}_N{}'')\rangle_{M,e;\mu}$$
$$\equiv Z_3^{-\frac{L}{2}} Z_2^{-N} \langle A_{\mu_1}(\vec{r}_1)\cdots\psi(\vec{r}_1{}')\cdots\bar{\psi}(\vec{r}_N{}'')\cdots\rangle_{M_{\text{bare}},e_0;\Lambda}$$

と定義できる．ここで，規格化因子 $Z_2(e_0^2)$ は $e_0^2$ の関数であり，$e_0^2$ が小さければ，

$$Z_2(e_0^2) = 1 + z_1 e_0^2 + z_2 (e_0^2)^2 + \cdots$$

と冪展開できる．相関関数が $e, M, \mu$ だけに依って，$\Lambda$ に依存しないように係数 $Z_3, Z_2, Z_m$ を決めることができる．

上で定義された相関関数は，くりこみ群方程式

$$\left(-\mu\frac{\partial}{\partial\mu} + (-(e^2)^2 + c(e^2)^3)\frac{\partial}{\partial e^2} + \beta_m \cdot e^2 M \frac{\partial}{\partial M}\right)\langle A_{\mu_1}(\vec{r}_1)\cdots\rangle_{M,e;\mu}$$
$$= L\gamma_A(e^2)\langle A_{\mu_1}(\vec{r}_1)\cdots\rangle_{M,e;\mu}$$

を満たす．ただし

$$\gamma_A(e^2) \equiv \frac{1}{2}\left(e^2 - ce^4\right)$$

である．

# 参考文献

この本を書くに当たって参考にしたのは，Wilson の有名な講義ノートである．

1. K. G. Wilson and J. Kogut, "The renormalization group and the $\epsilon$ expansion," *Physics Reports* **12** (1974) 75–199

このタイトルからもわかるように，Wilson のくりこみ群と臨界指数の計算手法としての $\epsilon$ 展開の両方が説明されている．本書で説明できたのは，Wilson のくりこみ群だけである．

Wilson のくりこみ群を解説した本は，少なくないが，連続極限との関係を解説した本は意外に少ない．Wilson のくりこみ群に関しては，たとえば以下の本がある．

2. S.-K. Ma, *Modern Theory of Critical Phenomena* (2000 年, Perseus)
3. G. Parisi (パリージ)『場の理論　統計論的アプローチ』(1993 年, 吉岡書店)
4. J. Zinn-Justin, *Quantum Field Theory and Critical Phenomena* (2002 年, Oxford University Press)
5. 江沢洋，鈴木増雄，渡辺敬二，田崎晴明『くりこみ群の方法』(2000 年, 岩波書店)

相転移についてのわかりやすい入門書としては，

6. H. E. Stanley, *Introduction to Phase Transitions and Critical Phenomena* (1987 年, Oxford University Press)

を強く勧める．